DIE RINGELNATTER

NATRIX NATRIX

Thomas Klesius & Harald Jorias

Semiadulte Exemplare der seltenen Milos-Ringelnatter
Foto: T. Klesius

Inhalt

Bildnachweis:
Titelbild: Die Barren-Ringelnatter (*Natrix natrix helvetica*) in einem Dorfgarten Foto: T. Klesius
Kleines Bild: Eine seltene Milos-Ringelnatter (*Natrix natrix schweizeri*) beim Schlupf Foto: T. Klesius
Seite 1: Balkan-Ringelnatter (*Natrix natrix persa*) am Vraner See bei Zadar/Kroatien Foto: T. Klesius

ISBN: 978-3-86659-288-9

An der Kleimannbrücke 39/41
48157 Münster
www.ms-verlag.de

Geschäftsführung: Matthias Schmidt
Lektorat: Mike Zawadzki & Heiko Werning
Layout: Mirko Barts, Geitje Enterprices LLC
Druck: Alföldi, Debrecen

Vorwort

DIE Ringelnatter ist die häufigste Schlange Deutschlands. Dennoch sind ihre Bestände rückläufig, und sie zählt zu den gefährdeten Arten. Sie ist, wie alle europäischen Reptilien, bundesweit streng geschützt und darf weder getötet, eingefangen oder gestört werden (selbst Fotografieren kann geahndet werden). Obwohl viele Menschen weder jemals eine Ringelnatter in der Natur gesehen noch schlechte Erfahrungen mit ihr gemacht haben, wird sie gefürchtet, verfolgt und sogar gehasst! Unwissen, angelerntes (Fehl-)Verhalten und religiöse Fehlvorstellungen projizieren Gefahren, wo keine sind, denn Ringelnattern sind völlig harmlos! Die früher sogar als „Hausschlangen" bezeichneten Reptilien galten als harmlos und wurden in der Nähe des

Immer schön aufmerksam! Mit der Zunge werden Duftmoleküle gesammelt.
Foto: T. Klesius

Menschen oft geduldet oder sogar gern gesehen. Sie galten als Vieh- und Kinderbeschützer und brachten mit ihrer „goldenen Krone“ (gelbe Mondflecke) angeblich sogar Glück ins Haus!
Vom Verhalten zählt die Ringelnatter zu den mit Abstand interessantesten Schlangen und ist daher ein beliebtes Terrarientier. Sie ist tagsüber ständig aktiv und erkundet aufmerksam ihren Lebensraum. Im Terrarium zur Welt gekommene Nachzuchten werden sogar „handzahm“. Das bedeutet jedoch nicht, dass es Kuscheltiere im Sinne von Meerschwein & Co. sind. Reptilien sind „Schautiere“ und Wildtiere. Ein Hochheben oder Streicheln bedeutet für sie Gefahr und ist mit Stress verbunden!
Als Wassernatter bevorzugt die Ringelnatter feuchtere Lebensräume in der Nähe von Tümpeln, Seen, Flüssen und Bächen. Als Nahrung erbeutet sie hauptsächlich Amphibien. Sie ist wie die meisten Nattern sehr neugierig und aufmerksam, hat aber aufgrund ihrer eher geringen Größe neben dem Menschen zahlreiche Feinde.

Typisches Erkennungsmerkmal der Ringelnatter sind die „Mondflecken“ im Nacken. Deren Ringform verhalf der Schlange zu ihrem Namen. Aber gibt es überhaupt *die* Ringelnatter? Seit vielen Jahrzehnten gibt es wissenschaftlichen Dissens, wie viele Unterarten oder gar Arten sich tatsächlich hinter dieser Schlange verbergen. Es gibt von ihr viele Zeichnungs- und Farbvarianten, was den Überblick erschwert.
Unter den drei europäischen Wassernattern besitzt die Ringelnatter das größte Verbreitungsgebiet, das im Norden sogar bis nach Skandinavien reicht.
In diesem Buch stellen wir diese neugierige, kleine und hübsche Wassernatter in ihrer Formenvielfalt vor und geben zahlreiche Tipps für die erfolgreiche Haltung und Vermehrung im Terrarium. Ringelnattern sind dankbare Pfleglinge. Auch Naturfreunde und an der einheimischen Herpetofauna Interessierte sind angesprochen, Neues über diese eleganten Schlangen zu erfahren. Es ist spannend, dass das Interesse für unsere Natur, aber auch die Haltung und Vermehrung einheimischer Reptilien eine Renaissance erfährt.

Thomas Klesius und Harald Jorias
Haßloch und Inden, 2016

Erscheinungsbild

„DAS ist eine Ringelnatter!", erkennen viele Kinder häufig schon beim ersten Anblick dieser eher unscheinbaren Schlange. Tatsächlich ist die Ringelnatter aufgrund ihrer äußeren Merkmale und der weiten Verbreitung in unseren Regionen sehr bekannt und leicht zu identifizieren. Es sind die gelben, sogenannten Mondflecken seitlich hinter dem Kopf, die sie meist schon aus der Ferne verraten. Diese Mondflecken sind von dunklen Flecken eingefasst und variieren in ihrer Färbung von einem Cremeweiß über Gelb bis Orange. Mit zunehmendem Alter der Schlange verblassen die Mondflecken, können aber auch bei manchen Unterarten gänzlich fehlen. Das sonstige Erscheinungsbild der Ringelnatter fällt innerhalb ihres riesigen Verbreitungsgebietes sehr unterschiedlich aus, was auch zur Beschreibung vieler Unterarten beigetragen hat. In der Terraristik sind jedoch nur wenige Unterarten verbreitet.

Die Grundfärbung kann Grau, Braun, Oliv, Schwarz oder sogar silbern sein. Ganz selten finden sich in der Natur albinotische

Ringelnattern sind schlanke und agile Schlangen. Hier ein Männchen der Nominatform *Natrix n. natrix* im Terrarium. Foto: T. Klesius

Bauchschuppenfärbung bei der Milos-Ringelnatter *Natrix n. schweizeri*
Foto: T. Klesius

Exemplare, in der Terraristik sind sogar leuzistische Ringelnattern bekannt geworden. Es gibt verschiedene Zeichnungsmuster, die auf die einzelnen Unterarten hinweisen können. So gibt es zeichnungslose, gefleckte und längsgestreifte Ringelnattern sowie solche mit der sogenannten Barrenzeichnung, die aus kurzen, breiten dunklen Querstreifen besteht. Die Bauchseite ist weiß bis cremefarben mit unterschiedlich vielen schwarzen Zeichnungselementen.

Der Körperbau der Ringelnatter ist natterntypisch eher schlank bis kräftig, mit leicht abgesetztem Kopf. Zwischen den Geschlechtern ausgewachsener Ringelnattern herrscht ein deutlicher Größenunterschied (Geschlechtsdimorphismus). Während die Weibchen der meisten Unterarten knapp einen Meter, ganz selten bis 1,80 m lang werden können und ein Gewicht von 200–300 g erreichen, bleiben die Männchen deutlich kleiner. Sie erreichen meist nur um 60 cm Gesamtlänge und ein Gewicht von ca. 60–80 g. Dafür erreichen sie ihre Adultgröße wesentlich schneller als die

Nur die Äskulapnatter (*Zamenis longissimus*) zeigt besonders als Jungtier ebenfalls helle Nackenflecken Foto: H. Jorias

Weibchen. Im Terrarium erreichen Männchen die Geschlechtsreife häufig schon mit 2–3 Jahren, während die Weibchen meist ein Jahr länger dafür benötigen.

Kopf und Bauch der Ringelnatter sind mit natterntypisch großen, glatten Schuppen bedeckt. Die Rücken- und Seitenschuppen sind längsgekielt, was den Tieren ein raues oder auch mattes Aussehen verleiht. Man nimmt an, dass dieser Längskiel auf den Schuppen

Systematik und Verwandtschaft

DIE Ringelnatter gehört innerhalb der Familie der Nattern (Colubridae) zur Unterfamilie der Wassernattern (Natricinae). Ihr wissenschaftlicher Name lautet *Natrix natrix* (LINNAEUS, 1758). Ursprünglich war die Art in die Sammelgattung *Coluber* gestellt wor-

Die kalabrische Ringelnatter zählt zur Unterart *N. n. sicula*. Auffällig sind die orangene Lippenschilde und die enorme Größe adulter Tiere. Foto: T. Klesius

die Fortbewegung im Wasser und auch z. B. zwischen Grashalmen begünstigt. Der Schwanz ist mit glatten Schuppen bedeckt. Im Verhältnis zur Körperlänge ist er beim Weibchen kürzer als beim Männchen.

Das beste Erkennungsmerkmal sind die hellen Nackenflecken, aber auch die natterntypisch runden Pupillen und großen Kopfschuppen Foto: T. Klesius

Die Pupillen der Ringelnatter sind rund und daher ein Unterscheidungsmerkmal zu den geschlitzten Pupillen giftiger Vipern, die zudem noch kleinere Schuppen auf der Kopfoberseite besitzen.

den. Weitere Arten in der Gattung *Natrix* sind die Vipernatter (*Natrix maura*, SW-Europa) und die Würfelnatter (*Natrix tesselata*, SO-Europa). Die sogenannte „Großkopf-Ringelnatter" („*Natrix megalocephala*") von der Ostseite des Schwarzen Meeres, deren Status nie allgemein anerkannt war, wird nach neuesten genetischen Untersuchungen den Unterarten *N. n. natrix*, *N. n. scutata* bzw. *N. n. persa* zugeordnet (Kindler et al. 2013).

Die Ringelnatter bewohnt ein sehr großes Verbreitungsgebiet über ganz Europa, von Südskandinavien und Mittelengland bis Süd- und Osteuropa. Lediglich in Irland sowie auf einigen Inseln fehlt sie. Im Süden kommt sie reliktartig bis nach Nordafrika vor und auf asiatischem Gebiet erreicht sie den Mittleren Osten sowie das südliche Sibirien. Die Gattung *Natrix* hat ihren Ursprung in Südwestasien. Innerhalb ihrer Gattung ist die Ringelnatter die am weitesten verbreitete Art und zeigt die größte ökologische Toleranz, weshalb sie unterschiedlichste Klimata und Habitate besiedelt.

WUSSTEN SIE SCHON?

Das lateinische Wort „natrix" bedeutet „Schlange". Kennzeichnend für die Ringelnatter sind die typisch hellen Mondflecken im Nacken, die bisweilen weiß, gelb oder gar orange gefärbt sind. In Europa besitzen lediglich junge Äskulapnattern (*Zamenis longissimus*) ebenfalls solche Nackenflecken.

Die russische Ringelnatter (*N. n. scutata*) zeigt oft eine dunklere Färbung Foto: T. Klesius

Ringelnatter und Würfelnatter sind nach molekulargenetischen Untersuchungen am nächsten miteinander verwandt. Im erdgeschichtlichen Miozän vor ca. 15 Millionen Jahren kam es zur innerartlichen Differenzierung. Dabei breitete sich *Natrix natrix* über ganz Europa aus. Doch besonders im Norden kam es durch klimatische Veränderungen zu starken Fragmentierungen und infolge Isolation zur Ausbildung vieler Unterarten (GUICKING, D., U. JOGER & M. WINK, 2008). Das Konzept zur taxonomischen Unterteilung der über ganz Europa verteilten Art ist bis heute unklar. THORPE (1979) erkannte vier Unterarten an: *N. n. natrix* in Osteuropa, *N. n. helvetica* in Westeuropa, *N. n. cetti* von Sardinien und *N. n. corsa* von Korsika. In einer neueren, molekulargenetischen Untersuchung wurden fünf verschiedene genetische Linien aufgedeckt (Iberische Halbinsel; Mitteleuropa; Westeuropa/Italien; Balkan; Osteuropa/Kleinasien), allerdings wurden jedoch ausschließlich die Festlandformen berücksichtigt (GUICKING et al. 2008).

Unterart	
Natrix natrix astreptophora (Seoane, 1884)	Iberische Halbinsel, NW-Afrika
Natrix natrix cetti Gené, 1883	Sardinien
Natrix natrix corsa (Hecht, 1930)	Korsika
Natrix natrix cypriaca (Hecht, 1930)	Zypern
Natrix natrix fusca Cattaneo, 1990	Insel Kea/Griechenland
Natrix natrix gotlandica Nilson & Andrén, 1981	Gotland (Schweden)
Natrix natrix helvetica (Lacépède, 1789)	Mittel- und Westeuropa
Natrix natrix lanzai Kramer, 1970	Italien
Natrix natrix natrix (Linnaeus, 1758)	Nord-, Mittel- und Osteuropa
Natrix natrix persa (Pallas, 1814)	Balkan, Türkei, Syrien, Iran, Turkmenistan
Natrix natrix schweizeri L. Müller, 1932	Insel Milos/Griechenland
Natrix natrix scutata (Pallas, 1771)	Russland, Kasachstan, NW-China, Mongolei
Natrix natrix sicula (Cuvier, 1829)	Sizilien, SW-Kalabrien
Natrix natrix syriaca (Hecht, 1930)	S-Türkei, Syrien, Libanon, Israel

Am meisten anerkannt ist das phänomenologisch abgeleitete Unterartkonzept nach Kabisch (2004), das erweitert nachfolgende Unterarten regional abgegrenzt.

Mertens (1947) verweist mit Blick auf die historische, primär westliche Ausbreitung der Ringelnatter auf folgende typische Merkmalsveränderungen von Ost nach West:

- Geringere Anzahl der Ventralia (Bauchschilde) und Subcaudalia (Unterschwanzschilde)
- Verminderung der Mondflecken
- intensivere schwarze Rückenzeichnung
- Abnahme weißer Strichzeichnungen an den Schuppenrändern

Anmerkungen zu den einzelnen Unterarten

Natrix n. astreptophora, die Spanische Ringelnatter, kommt auf der Iberischen Halbinsel sowie bis nach Marokko und Algerien vor und hat einen kräftig-gedrungenen grau bis graugrünen Körper mit breitem Kopf und rötlicher Iris. Besonders älteren Weibchen fehlen die typischen Mondflecken, die normalerweise weiß, gelb oder grünlich sein können. Länge bis 1,25 m; 157–171 Ventralia (V), 50–79 Subcaudalia (Sc).

Natrix n. cetti, die Sardische Ringelnatter, kommt ausschließlich auf Sardinien vor und besitzt keine Mondflecken. Die grazile Natter ist schlank und hat einen kurzen

Schwanz. Auffällig ist die ausgeprägte Barrenzeichnung. Länge unter 1 m; V: 162–177, Sc: 49–63.

Natrix n. corsa, die Korsische Ringelnatter, lebt ausschließlich auf Korsika und besitzt die gleichen äußeren Merkmale wie *N. n. cetti*, hat aber mehr Barren auf dem Rücken. Länge unter 1 m; V: 161–175, Sc: 48–61.

Natrix n. fusca, die Kea-Ringelnatter, kommt ausschließlich auf der griechischen Insel Kea vor und ähnelt der Milos-Ringelnatter. Es könnten genetische Anteile der Balkan-Ringelnatter (*N. n. persa*) involviert sein. *Natrix n. fusca* ist dunkel gefärbt und zeigt deutliche Mondflecken. V: 169–180, Sc: 61–80.

Natrix n. gotlandica wurde von der schwedischen Insel Gotland beschrieben. Sie ist schlank und kleiner als andere Unterarten. Die Vorderflecken sind undeutlich oder fehlen, während die Mondflecken

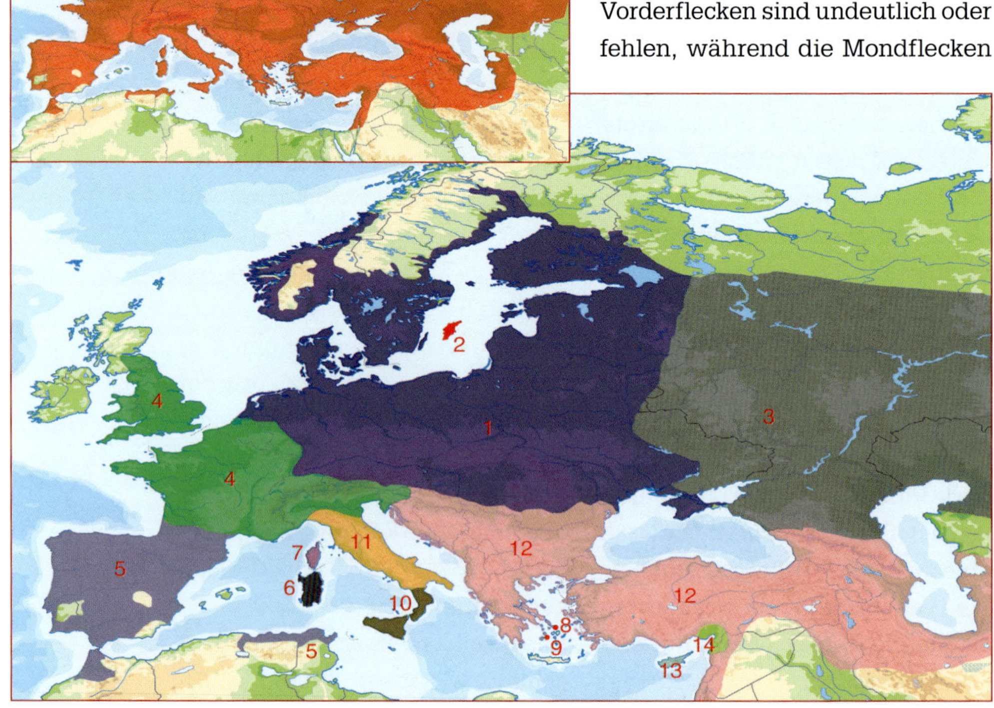

Verbreitungskarte der Unterarten der Ringelnatter (erweitert nach KINDLER et al. 2013, KREINER 2007, SINDACO 2010): *Natrix natrix natrix* (1), *N. n. gotlandica* (2), *N. n. scutata* (3), *N. n. helvetica* (4), *N. n. astreptophora* (5), *N. n. cetti* (6), *N. n. corsa* (7), *N. n. fusca* (8), *N. n. schweizeri* (9), *N. n. sicula* (10), *N. n. lanzai* (11), *N. n. persa* (12), *N. n. cypriaca* (13), *N. n. syriaca* (14)

meist stark orange gefärbt sind. Melanistische (schwarze) Exemplare sind häufig, ansonsten finden sich Barren an den Flanken. V: 156–173, Sc: 45–70.

Die Barrenringelnatter, ***N. n. helvetica***, ist die westliche Variante und viel robuster gebaut als die eher zierliche *N. n. natrix* mit der sie sich in einigen Übergangszonen als sog. „Intergrades" vermischt, d. h., es kommt zu natürlichen Hybriden, die Merkmale beider Unterarten zeigen, z. B. angedeutete Barren bei *N. n. natrix* × *N. n. helvetica* oder auch fehlende Mondflecken. In den Alpen kommen gehäuft melanistische Tiere vor. Das Typusexemplar, anhand dessen diese Unterart beschrieben wurde, stammt aus der Schweiz („*helvetica*"). Länge bis ca. 1,80 m; V: 157–179, Sc: 49–73.

Die (Nord-)Italienische Ringelnatter, ***N. n. lanzai***, ist schlanker als ihre süditalienischen Verwandten. Die Mondflecken sind gelbweiß und verschwinden bei älteren Weibchen. An den Flanken ist je eine Barrenreihe, auf dem Rücken eine schwächer ausgeprägte Fleckenreihe. Die Nackenflecken sind meist stark gefärbt. V: 161–184, Sc: 50–77.

Die schlanke Nominatform (die Unterart, anhand derer die gesamte Art beschrieben wurde), ***N. n. natrix***, besitzt meist gelbe Mondflecken. In Mitteleuropa stellt der Rhein die Westgrenze dar (Vermischungszone mit *helvetica*), die Verbreitung reicht im Norden bis Zentralfinnland, im Süden bis zu den Alpen, im Osten bis Russland

Die Barren-Ringelnatter kommt im Westen Deutschlands und Europas vor und zeigt die typische Barrenzeichnung. Ältere Weibchen verlieren oft die Nackenflecken und werden viel kräftiger als die Nominatform im Osten.
Foto: T. Klesius

Die Streifen- oder Balkan-Ringelnatter *Natrix n. persa* zeigt eine typische Streifung
Foto: T. Klesius

(Dnjepr). Im Südosten des Verbreitungsgebiets gibt es eine große Vermischungszone mit *N. n. persa* (s.u.). Länge bis 1 m; V: 163–183, Sc: 53–78.

N. n. persa: Die Balkan- oder Streifenringelnatter bewohnt Istrien über den Balkan samt vorgelagerter Inseln und Kleinasien bis zum südlichen Kaspischen Meer und hat meist zwei typische, helle Längsstreifen auf dem Rücken. Es gibt auch ungestreifte Exemplare; das Mondfleckenpaar fehlt häufig. *Natrix n. persa* stellt mit *N. n. natrix*, *N. n. helvetica*, *N. n. scutata* und *N. n. schweizeri* die terraristisch relevanten Unterarten. Im Raum Leipzig existiert eine Population von *N. n. persa*, die auf Exemplare zurückgeht, die hier 1964 ausgesetzt wurden (GROSSE 2013). Nach einer Untersuchung von KINDLER et al (2013) zieht sich sogar eine genetische Linie von *N .n. persa* insbesondere durch das ostdeutsche Verbreitungsgebiet das zuvor ausschließlich der östlichen Ringelnatter (*N. n. natrix*) zugesprochen war. Somit gäbe es in Deutschland drei Unterarten der Ringelnatter! *Natrix n. persa* könnte aufgrund ihrer südöstlichen Verbreitung (genetischer Ursprung der Art) zudem die ursprünglichste Unterart der Ringelnatter darstellen.

Die Milos-Ringelnatter (***N. n. schweizeri***) bewohnt die kleinen griechische Kykladeninsel

Die Ringelnatter ist mit der Würfelnatter (*Natrix tesselata*) näher verwandt als mit der Vipernatter (*Natrix maura*) Foto: T. Klesius

Milos, Kimolos und Polyaegos. Der Körper ist mit ca. 60–85 cm gedrungen-kräftig und zeigt kräftig schwarze Flecken auf silbergrauem Untergrund. V: 157–179, Sc: 54–77. *Natrix n. schweizeri* erfährt seit Kurzem unter Liebhabern eine erfolgreiche terraristische Verbreitung und zählt zu den schönsten Unterarten der Ringelnatter. Es gibt häufig melanistische Exemplare oder schwarze Tiere mit zahlreichen kleinen hellen Flecken („picturata"-Variante). Letztere gelten als besonders begehrt. Die Jungtiere zeigen fast immer die klassisch gefleckte helle Färbung, ein Melanismus und auch eine picturata-Färbung kommen erst sukzessive mit jeder Häutung zum Vorschein. Sie hat große Ähnlichkeit mit der zypriotischen *N. n. cypriaca* von der es ebenfalls melanistische, aber auch Exemplare der sog. „picturata"-Variante gibt. Die Terrarienbestände von *N. n. schweizeri* sind durch engagierte Privathalter in Mitteleuropa mittlerweile stabilisiert, in der Natur stehen beide Unterarten aber kurz vor der endgültigen Ausrottung! Die Zahl der in der

WUSSTEN SIE SCHON?

Nicht alle Ringelnattern besitzen dauerhaft den für sie typischen Nackenfleck. Vor allem Weibchen der spanischen Unterart *N. n. astreptophora*, aber z. B. auch die westeuropäische *N. n. helvetica* verlieren z. B. im Alter die hellen Nackenflecken.

Eine melanistische *Natrix natrix astreptophora* in Abwehrhaltung in Spanien Foto: A. Schmid

Natrix natrix cetti lebt **endemisch auf Sardinien und ist dort schwer zu finden** Foto: A. Schmid

Terraristik nachgezogenen Tiere dürfte die Anzahl der in Natur lebenden Exemplare bereits deutlich übersteigen!

Die Östliche oder Russische Ringelnatter (***N. n. scutata***) ist schlank und ähnelt stark der Nominatform. Sie erweitert das rie-

Balkan-Ringelnatter (*Natrix n. persa*) auf dem Waldweg am Olymp Foto: T. Klesius

Ausschließlich auf Zypern lebt die Unterart *Natrix natrix cypriaca*. Sie hat große Ähnlichkeit mit *Natrix n. schweizeri* von Milos und ist ebenfalls vom Aussterben bedroht. Foto: A. Schmid

sige Verbreitungsgebiet von *N. natrix* nach Osten und zeigt eine dunklere Färbung und stark orangegelbe bis rötliche Lunarflecken (Mondflecken). Eventuell handelt es sich bei einigen als Nominatform bezeichneten Exemplaren in der Terraristik tatsächlich um *N. n. scutata* oder zumindest Hybriden zwischen diesen beiden Formen. Die Übergänge können optisch fließend sein. Das Verbreitungsgebiet reicht östlich des Dnjepr über das Uralgebirge und Westsibirien bis Ostkasachstan. Länge ca. 1 m; V: 170–184, Sc: 56–73.

N. n. sicula kommt auf Sizilien und Kalabrien vor und wurde auf dem Festland von einigen Taxonomen zur Unterart *Natrix n. calabra* erklärt, was aber ungültig ist. Typisch sind der kräftige Körperbau, die orange Schnauzenspitze und die gelb bis orangerote Iris. Mond- und Vorderflecken fehlen. Länge: bis 1,50 m, V: 164–178, Sc: 58–73.

N. n. syriaca unterschied sich in einer jüngeren genetischen Untersuchung (Kindler, et al 2013) extrem von der dort in der Region vorkommenden *N. n. persa*, so dass die Unterart wieder als valide gelistet wurde. Typisch sind schwarze Sprenkel und helle, schwache Längsstreifen am Nacken; V. 174–180.

Natürliche Lebensräume und Lebensweise

So unterschiedlich das Erscheinungsbild der einzelnen Unterarten der Ringelnatter ist, so verschieden sind auch deren Lebensräume. Im Allgemeinen wird jedoch die Nähe von stehenden und langsam fließenden Gewässern bewohnt, wobei sich die Schlangen aber auch zeitweise von diesen entfernen. Feuchtwiesen, Waldränder, Moore und Auenwälder stellen typische Lebensräume dar. Man kann die Ringelnatter aber auch als regelrechten Kulturfolger bezeichnen. Tatsächlich profitiert sie vielerorts vom Gartenbautrend der letzten Jahre und kann auch oft in oder an Gartenteichen angetroffen werden, wenn ein direkter Zugang zu ihren natürlichen Lebensräumen besteht. Auch werden häufig Kompost und Misthaufen als Brutstätten genutzt. Falls man das Glück haben sollte, eine Ringelnatter auf seinem Grundstück anzutreffen, kann man sich überaus glücklich schätzen und diese geschützte Schlage getrost dort unbehelligt verweilen lassen. Im Jahresverlauf sucht die Ringelnatter unterschiedliche Lebensräume auf. Die Winterquartiere können weit von den Sommerlebensräumen entfernt sein. Das Frühjahr dient vornehmlich der Fortpflanzung. Die Männchen verfolgen die Weibchen, um sich mit ihnen zu paaren. Im Sommer konzentrieren sich die Nattern auf die Nahrungssuche, und die Weibchen legen ihre Eier ab. An besonders heißen Tagen wird die Ringelnatter sogar nachts aktiv und lebt am Tag zurückgezogen. Wir konnten eine Ringelnatter bei-

Typischer Lebensraum der Ringelnatter am Neckar Foto: T. Klesius

Habitat von Ringelnatter, Würfelnatter, Europäischer Sumpfschildkröte und zahlreichen Wasserfröschen in einem Kanal in Nord-Griechenland Foto: T. Klesius

spielsweise um Mitternacht nach Laubfröschen jagend im Habitat entdecken. Nachdem der Nachwuchs im Spätsommer geschlüpft ist, geht es im Herbst zurück in die Winterquartiere.

Aktiv geht die Ringelnatter tagsüber oder an heißen Tagen frühmorgens und in der Dämmerung im Wasser und an Land auf Nahrungssuche. Erbeutet werden hauptsächlich Amphibien und deren Larven. Fische werden meist nur zufällig erbeutet, oder wenn sie schwach und krank sind. Des Weiteren findet man auch junge Nager, Würmer und selten Schnecken auf ihrem Speiseplan. Die Beute wird lebend und im Ganzen verschlungen.

Zum Sichern der Umgebung und um eventuelle Beute ausfindig zu machen, stellt die Ringelnatter ihren Vorderkörper auf und überblickt so das Gelände. Dies erinnert an das Drohverhalten einer Kobra und kann auch häufig im Terrarium beobachtet werden. Fühlen sich die Schlangen bedroht und können nicht fliehen, zischen sie laut, wobei sie ihren Körper aufbähen und den Kopf abflachen. Wird sie ergriffen, sondert sie ein übelriechendes Sekret aus ihrer Postanaldrüse hinter der Kloake im vorderen Schwanzbereich ab. Der Geruch erinnert an verwesenden Fisch und ist äußerst hartnäckig. Eingewöhnte Tiere verzichten aber meist darauf, ihren Pfleger damit zu bestrafen! Einen Beißreflex zur Abwehr, wie ihn die meisten anderen Schlangen besitzen, ist nicht vorhanden. Stattdessen spult eine Ringelnatter in Bedrängnis ihr interessantes Verhaltensrepertoire ab: Ist das Gefauche nutzlos, ringelt sie sich zusammen und versucht, den Kopf im Inneren ihrer Körperschlingen zu verbergen. Wird sie weiter belästigt, stellt sich die Schlange tot (Akinese). Dabei dreht sie sich auf den Rücken und lässt das Maul geöffnet, wobei sie die Zunge heraushängen lässt und die Augen nach unten verdreht. Wird die vermeintlich tote Schlange nun in Ruhe gelassen, nutzt sie die Chance und flieht. Im Terrarium gepflegte Tiere legen dieses Verhalten vollständig ab, es kann aber manchmal bei Schlüpflingen beobachtet werden.

WUSSTEN SIE SCHON?

Schlangen gehören als Reptilien zu den wechselwarmen Tieren und sind daher auf äußere Einflüsse angewiesen, um ihre Körpertemperatur zu regulieren. Zum Aufwärmen suchen sie aktiv das Sonnenlicht oder legen sich in eine von der Sonne aufgewärmte Felsspalte. Zum Abkühlen begeben sie sich ins Wasser oder suchen eine Höhle auf.

Ringelnattern in Gefahr!

NATÜRLICHE

Feinde der Ringelnatter sind u. a. Greifvögel, Marder, Igel, Katzen, Ratten und Füchse. Besonders für Jungtiere können bereits Amseln und größere Fische gefährlich sein. Im Winterquartier können selbst Mäuse und Ratten den dann abgekühlten und wehrlosen Schlangen zum Verhängnis werden. Der größte Feind ist allerdings der Mensch, der durch Infrastrukturausbau (Straßen, Gebäude usw.), Verkehr, Gewässer- und Landschaftsverschmutzung systemisch die Populationen schädigt. Irrationale und teils religiös begründete Ängste und Unwissenheit führen zu aktiver Bejagung

Milos-Ringelnattern (*Natrix n. schweizeri*) stehen wie die Zypriotische Ringelnatter (*N. n. cypriaca*) in der Natur vor der Ausrottung. Engagierte Terrarianer/innen vermehren Milos-Ringelnattern in Terrarien und tragen so zum Arterhalt bei. Foto: T. Klesius

dieser in Deutschland besonders geschützten und völlig ungefährlichen kleinen Schlange. Auch der Besatz von Angelgewässern mit Speisefischen schädigt nicht nur Amphibienpopulationen, denn junge Ringelnattern werden von räuberischen Fischen gerne erbeutet (s. auch die massive Gefährdung von *Natrix n. cypriaca* auf Zypern vor allem durch den Menschen mittels Bejagung, Töten aus Angst, Giftmüllentsorgung, Lebensraumzerstörung, s. BAIER et al. 2013). Auch in Deutschland werden leider immer noch Ringelnattern mit Spaten und Latten erschlagen oder verursachen groß angelegte Feuerwehr- und Polizeieinsätze. Aufklärung tut dringend Not in Anbetracht der umgreifend fortschreitenden Naturentfremdung und sollte durch Experten bereits in Kindergärten und Grundschulen flächendeckend beginnen!

Neben Aufklärung vor allem in Kindergärten und Schulen ist auch die Ausweisung von geeigneten Schutzgebieten sehr wichtig! Foto: T. Klesius

Die Schlingnatter (*Coronella austriaca*) ist einer der natürlichen Feinde Foto: T. Klesius

Gesetzliche Bestimmungen

NACH der Bundesartenschutzverordnung (BArtSchV) sind alle europäischen Reptilien- und Amphibienarten – und damit auch die Ringelnatter – besonders geschützt. Die Störung, der Fang von Wildtieren oder gar deren Tötung sind strengstens verboten! Für die Haltung von Ringelnattern benötigt man daher einen Herkunftsnachweis, der die legale Herkunft und die Vermarktungsgenehmigung bestätigt. Zudem ist man verpflichtet, den Besitz der Tiere bei der zuständigen Unteren Naturschutzbehörde zu melden. Das Behördensystem ist je nach Bundesland unterschiedlich organisiert, die zuständige Dienststelle kann bei der jeweiligen Kommunalverwaltung erfragt werden. Die Herkunftsbescheinigung sollte folgende Angaben enthalten: Deutscher und wissenschaftlicher Artname, Geburtsdatum des Tiers (Monat/Jahr), Geschlecht (falls erkennbar), Name und Anschrift des Züchters und Käufers, Anschrift der Behörde, bei der die Tiere gemeldet sind/waren, gegebenenfalls

Polizei im Einsatz: eine ungefährliche Barren-Ringelnatter im Garten. Viele Menschen kennen unsere einheimischen Schlangen nicht! Foto: T. Klesius

Angaben zu den Elterntieren. Vorlagen für Züchterbescheinigungen finden Sie auf der Homepage der Deutschen Gesellschaft für Herpetologie und Terrarienkunde (www.dght.de).

Mit der ausgefüllten Bescheinigung meldet der Verkäufer die Tiere bei seiner zuständigen Landespflegebehörde ab, der neue Besitzer muss die Tiere dann umgehend bei seiner regionalen Behörde anmelden. Dies kann nach Absprache (!) mit der Behörde persönlich, per Post, Fax oder sogar E-Mail geschehen. Eine persönliche Kontaktaufnahme im Vorwege trägt zu einem kooperatives Miteinander von Terrarianer/in und Behörde bei. Jede Bestandsveränderung (Zugang/Abgang) ist bei der zuständigen Behörde umgehend zu melden.

WUSSTEN SIE SCHON?

In den Niederlanden und einigen nordeuropäischen Ländern dürfen grundsätzlich keine dort heimischen Reptilien gehalten werden – auch keine Nachzuchten! Dies gilt leider auch für die Ringelnatter, wobei es unerheblich ist, ob die Exemplare beispielsweise aus dem südosteuropäischen Raum stammen und einer anderen Unterart angehören, denn das Verbot gilt auf Artebene, das heißt pauschal für *Natrix natrix*.

Ringelnattern sind wie alle Reptilien in Deutschland streng geschützt und dürfen nicht gestört, gefangen oder gar getötet werden! Foto: H. Jorias

Worauf man beim Erwerb achten sollte

ES versteht sich von selbst, dass nur Nachzuchten der Ringelnatter erworben werden und auf gar keinen Fall Tiere der Natur entnommen werden dürfen! Nachzuchten der gängigen Unterarten der Ringelnatter, wie *N. n.*

Üblicherweise erwirbt man Jungtiere direkt beim Züchter. Hier Nachzuchten der seltenen Milos-Ringelnatter. Foto: T. Klesius

Transport und Quarantäne

RINGELnattern sind – wie alle Vertreter der Gattung *Natrix* – wahre Ausbruchskünstler! Dies gilt sowohl für das Terrarium als auch für den Transportbehälter. Die sogenannten Faunaboxen besitzen im Deckel oft runde Kabelöffnungen. Diese stellen einfache Fluchtmöglichkeiten für ca. 18 cm lange Jungschlangen mit einem Gewicht von 2–3 g dar. Die agilen Nattern testen wirklich jeden Winkel auf Ausbruchsmöglichkeiten! Geeignet für den Transport junger Ringelnattern sind daher sogenannte „Heimchenboxen“, die seitlich mit kleinen Luftlöchern versehen sein müssen. Als „Bodengrund“ legt man ein Stück Küchenpapier hinein und gibt noch ein zerknülltes weiteres Stück als Deckung und zur Stabilisierung hinzu. Eine Ecke sollte mit Wasser besprüht

natrix, N. n. persa, N. n. helvetica und zunehmend die in der Natur kurz vorm Aussterben stehende Milos-Ringelnatter (*N. n. schweizeri*), werden regelmäßig von engagierten Hobbyzüchtern angeboten. Kontakte zu seriösen Züchtern erhält man über das Internet (z. B. www.snakepoint.de oder www.schlangenland.de) oder auf Terraristikbörsen (Termine in der REPTILIA, siehe „Weitere Informationen").

Bei der Auswahl seiner zukünftigen Pfleglinge gilt es, den Allgemeinzustand der Tiere abzuschätzen. Ringelnattern, die schlapp und abgemagert wirken, sollten nicht in Betracht gezogen werden. Optische Hinweise auf den Allgemeinzustand einer Ringelnatter geben die Augen, die Haut, die Kloake und das Verhalten. So sollten die Augen außerhalb der Häutungsphase klar und keineswegs eingefallen sein. Die Haut darf keine Falten aufweisen, was auf eine Unterernährung oder Dehydration hinweisen könnte. Hautfetzen, die von vergangenen Häutungen stammen, dürfen nicht zu sehen sein. Und Verschmierungen sowie Kotreste dürfen der Kloakenregion nicht anhaften. Natürlich sollten die Schlange auch keine akuten Verletzungen aufweisen. Wirkt die Natter neugierig, kräftig und gesund, spricht nichts gegen den Erwerb dieses Tieres.

werden. Die Temperaturen sollten um 20 °C liegen, direkte Sonneneinstrahlung ist wegen Überhitzungsgefahr unbedingt zu vermeiden! Styroporboxen gleichen Temperatursprünge beim Transport aus. Semiadulte oder adulte Nattern werden im sicher verschnürten Leinensack untergebracht, der dann ebenfalls in einer Styroporbox rutschsicher gelagert wird.

DER PRAXISTIPP

In dunklen Leinentaschen oder -säcken kommen die visuell orientierten Tiere beim Transport schneller zur Ruhe, da sie sich hier sicherer fühlen. Sind die Temperaturen niedriger (ca. 20 °C), dann fahren die wechselwarmen Reptilien ihren Stoffwechsel und Kreislauf herunter und erleben den Transport weniger stressig als bei hohen Temperaturen.

Auch wenn es schöner mit Moos und Pflanzen aussieht; die Quarantäne erfolgt zur besseren Kontrolle und Hygiene in einem schlicht eingerichteten Glas- oder Kunststoffterrarium mit Küchenvlies, Wasserschale und 1–2 Verstecken
Foto: T. Klesius

Sind die Schlangen heil am Bestimmungsort angekommen, muss eine Quarantäne durchgeführt werden, und sie benötigen viel Ruhe zum Eingewöhnen. Man verwendet zur Quarantäne einfach strukturierte, kleine Terrarien mit schnell entsorgbaren und leicht desinfizierbaren Einrichtungsgegenständen (Küchenvlies, Wasserschale, Unterschale aus Ton mit seitlicher Öffnung). Die Quarantäne steht unter rein funktionalem Aspekt. Zur Vermeidung von Krankheitsübertragung auf den vorhandenen Tierbestand befindet sich das Quarantänebecken am

Vergesellschaftung

EINE innerartliche Paar- oder Gruppenhaltung ist grundsätzlich möglich, wenn genügend Raum und Strukturierung (Verstecke, Aufwärmbereiche etc.) vorhanden sind, damit sich die Tiere nicht untereinander stressen. Man kann zwar mehrere Männchen mit mehreren Weibchen gemeinsam unterbringen, eine Trennung der Geschlechter erspart den Weibchen jedoch den andauernden Paarungsdruck durch die Männchen.

Bei Gruppenhaltung muss man während der Fütterungen besonders aufpassen, dass sich die Nattern nicht versehentlich oder aus Futterneid ineinander verbeißen und sogar gegenseitig fressen. Die vergesellschafteten Ringelnattern sollten möglichst gleich groß sein, damit junge, kleine Tiere nicht verängstigt werden und ausreichend Nahrung erhalten. Es sollten nur Exemplare gleicher regionaler Herkunft gemeinsam gehalten werden, um Vermischungen verschiedener Populationen zu vermeiden. Das Gutachten „Mindestanforderungen an die Haltung von Reptilien“ (BMELV 1997) stellt sogar besten in einem separaten Raum. Die Quarantänezeit sollte wenigstens sechs Wochen betragen, und es sollte mindestens (!) eine parasitologische Untersuchung einer frischen Kotprobe durch ein entsprechendes Institut (siehe „Weitere Informationen") durchgeführt werden. Bei Nachzuchten seriöser Züchter sind Parasitosen selten, während Ringelnattern in der Natur als Amphibienfresser fast immer mit Endoparasiten behaftet sind. Bei positivem Befund behandelt man die Schlangen nach Weisung des reptilienkundigen Tierarztes, bis die Kotproben ohne Befund sind. Während der Quarantäne sollten die Tiere regelmäßig beobachtet werden, ob sie sich artgerecht bewegen, die Orientierung der Tiere stimmt und ob gefressen und entsprechend Kot abgesetzt wird.

Das Säubern bzw. Ersetzen der Einrichtungsgegenstände sind inklusive Wasserwechsel alle 1–2 Tage bzw. nach Bedarf vorzunehmen. Eine ruhige Umgebung ist wichtig, da besonders Jungtiere scheu und nervös sind und auch oftmals nur bei Abwesenheit von Mensch und Haustier (Katze, Hund) ans Futter gehen.

Ringelnattern lassen sich gut in Gruppen mit bis zu vier Tieren beiderlei Geschlechts pflegen Foto: T. Klesius

Auch wenn sie in der Natur – wie hier an der Nahe – manchmal sympatrisch mit Würfelnattern leben, sollte man unbedingt artreine Gruppen pflegen, um Hybridisierungen zu vermeiden!
Foto: T. Klesius

die zwischenartliche Vergesellschaftung offen, solange die Biotopansprüche der Tiere gleich sind und sich die Arten untereinander nicht negativ beeinflussen. Wir lehnen jedoch jegliche Vergesellschaften mit anderen Arten der Gattung *Natrix* wegen der Gefahr einer möglichen Hybridisierung ab. Es gibt durchaus gesicherte Berichte über eine Hybridisierung von Ringelnattern und anderen *Natrix*-Arten (Kabisch 1999). Aus Fehlern der Vergangenheit sollte man lernen!

Ringelnattern sind sehr agil und können ruhigere Arten sehr stressen. Wir empfehlen deshalb generell eine (unter)artreine Haltung. So können die Tiere ungestört ihr arttypisches Verhalten zeigen. Die Gruppenhaltung ist eine gute Lösung, wobei bei der Fütterung allerdings mehr Aufmerksamkeit verlangt wird. Die Klimaparameter für Terrarien der einzelnen Unterarten der Ringelnatter sind grundsätzlich ähnlich. Am besten orientiert man sich an den Daten aus den entsprechenden Lebensräumen (Klima des Mikrohabitats!) und fragt den Züchter nach den bisherigen Haltungsbedingungen.

Bei der bei Wassernattern üblichen Gruppenhaltung muss unbedingt bei der Fütterung aufgepasst werden, um Unfälle zu verhindern! Foto: T. Klesius

Es ist passiert... Hybride von Ringel- und Würfelnatter im Paludarium des Zoologischen Forschungsmuseums Bonn. Gut sichtbar sind die Würfelzeichnung und die Mondflecken im Nacken. Foto: S. Esser

Das Terrarium

UM Ringelnattern ein artgerechtes Terrarium bieten zu können, muss man vor Anschaffung um deren Bedürfnisse wissen. Ringelnattern sind sehr aktive bodenbewohnende Schlangen, die gerne klettern und schwimmen. Eine ausreichend große Grundfläche (lieber eine Nummer größer als kleiner) ist wichtiger als die Höhe. Nach den „Mindestanforderungen an die Haltung für Reptilien" (BMELV 1997) sollte die Größe des Terrariums für ein adultes Pärchen der Art *Natrix natrix* 1,25 × 0,5 × 0,5 der Gesamtlänge der größten, gepflegten Schlange betragen. Hat ein Tier die Gesamtlänge von 100 cm, sollte die Größe des Terrariums mindestens 125 × 50 × 50 cm (Länge × Breite × Höhe) betragen. Für jedes weitere Tier sollte die Grundfläche um 20 % erhöht werden. Diese Maße sollten unserer Meinung aber wegen der Bewegungsfreude der Ringelnattern ruhig großzügig erhöht werden, insbesondere in der Tiefe, die gerne 70 cm betragen kann! Jungtiere werden dagegen in den ersten zwei Jahren in kleineren, sogenannten Aufzuchtterrarien gehalten. Neben weit zu öffnenden Türen, oder herausnehmbaren Schiebescheiben, die Pflegemaßnahmen und ein Handtieren erleichtern, sollten großflächige Lüftungsflächen vorhanden sein. Stauluft und Zugluft sind durch Größe und Position der Lüftungsflächen vorzubeugen. Am besten liegen sich diese Flächen schräg vorn unten, hinten oben gegenüber.

Als Material für ein Ringelnatterterrarium hat sich Glas

Schön strukturiertes Aquaterrarium für Ringelnattern Foto: H. Jorias

Freilandterrarium für europäische Wassernattern im Reptilium Landau Foto: T. Klesius

als vorteilhaft erwiesen. Es ist Feuchtigkeitsbeständig sowie leicht zu reinigen und desinfizieren. Handelsübliche Vollglasterrarien eignen sich gut, aber deren Lüftungsflächen sind oft zu klein. Ringelnattern der nördlichen Unterarten können neben der Zimmerhaltung auch erfolgreich ganzjährig im Freilandterrarium gehalten werden, wenn Vorkehrungen gegen extreme Hitze und Kälte getroffen wurden. Dabei muss ein besonderes Augenmerk auf die Aus- und Einbruchsicherheit des Freilandterrariums sowie die klimatischen Bedingungen gelegt werden. Ausführliche Literatur zum Thema Freilandterraristik findet sich in Hallmen (2011).

Der Aufstellort für ein Zimmerterrarium darf nicht beliebig gewählt werden. Da die Durchschnittstemperaturen in Wohnräumen über denen des Lebensraumes der meisten Unterarten liegen, wählt man einen Raum, in dem am besten auch eine Nachtabsenkung der Temperatur möglich ist. Der tropisch aufgeheizte Terrarienraum ist daher ungeeignet. Eine direkte Sonneneinstrahlung in das Terrarium muss wegen der Überhitzungsgefahr vermieden werden.

Klima, Technik und Einrichtung

DER Lebensraum Terrarium muss den klimatischen Ansprüchen der Pfleglinge gerecht werden. Ringelnattern bewohnen die gemäßigten und mediterranen Breiten, die sich zum einen durch ein Jahreszeitenklima und Tag-Nacht-Schwankungen der Temperatur und zum anderen durch vergleichsweise kühle Durchschnittstemperaturen im Vergleich zu tropischen Lebensräumen auszeichnen. Bei Zimmerhaltung ist eine zusätzliche Grunderwärmung des Terrariums daher nicht nötig. Die Grundausleuchtung erfolgt am besten durch Leuchtstoffröhren der passenden Größe. T5-Röhren (z. B. 13 W, 26 W) sind der aktuelle Stand der Technik, und als Lichtfarbe ist „Tageslichtweiß“ zu empfehlen. Zur besseren Lichtausbeute sind die Leuchtstoffröhren mit Reflektoren zu versehen. Aber auch LED-Lichtleisten halten immer mehr Einzug in die Terraristik. Zur Erwärmung und zum Schaffen von Sonnenplätzen werden Spotstrahler (z. B. 25–50 W) installiert. Diese müssen wegen der Verbrennungsgefahr unerreichbar für die Terrarienbewohner angebracht werden und gegen direkten Kontakt geschützt sein. Eine Schutzmöglichkeit sind Drahtkörbe, die den Strahler einfassen und so die direkte Berührung des heissen Strahlers durch die Terrarienbewohner verhindern. Der oder die Strahler sind vorzugsweise in einem seitlichen Drittel des Terrariums angebracht und heizen den Sonnenplatz auf 30–35 °C auf. Der Übergang zum übrigen unbe-

Wasserbehältnisse dienen dem Baden und Trinken Fotos: T. Klesius/H. Jorias

Eine „Wetbox" mit feuchtem Sphagnummoos wird nicht nur gerne vor der Häutung aufgesucht. Milos-Ringelnatter (Picturata-Variante) nach der Eiablage. Foto: T. Klesius

heizten Terrarium stellt einen Temperaturverlauf dar, wodurch die Schlangen die Möglichkeit haben, sich in dem von ihnen benötigten Temperaturbereich aufzuhalten. Neben den Aufwärmbereichen müssen den Tieren auch kühlere Bereiche zur Verfügung stehen. Eine UV-B-Bestrahlung ist bei diesen Schlangen nicht notwendig, schadet aber sicherlich nicht. Dabei ist aber darauf zu achten, daß keine zu starken UV Strahler eingesetzt werden, wie sie z.B. bei der Haltung von wüstenbewohnenden tagaktiven Arten verwendet werden. Aber auch eine jahrelange Haltung ohne entsprechende UV-B-Bestrahlung zeigt keine negativen Auswirkungen.

Neben Spotstrahlern zur Schaffung von Sonnenplätzen und Leuchtstoffröhren zur Grundausleuchtung des Terrariums ist keine weitere Technik notwendig. Alternativ können zusätzlich Lüfter zum Absaugen von Stauluft installiert werden, aber Vorsicht vor Zugluft! Die Luftfeuchtigkeit im Terrarium spielt eine untergeordnete Rolle. Ringelnattern benötigen keine extrem hoch gehaltene Luftfeuch-

Klettermöglichkeiten werden gerne angenommen Foto: H. Jorias

tigkeit. Normale Zimmerwerte sind ausreichend und werden durch das Wasserbecken noch leicht angehoben. Durch gelegentliches sprühen, wie etwa einmal pro Woche, schafft Luftfeuchtigkeitsschwankungen, wie sie auch in der Natur vorkommen. Stehen Tiere vor der Häutung, kann man ihnen durch zusätzliches Sprühen das Häuten erleichtern.

Gute Strukturierung und lebende Pflanzen bieten Schutz und Deckung und sind stets sauber zu halten Foto: H. Jorias

Zur Grundeinrichtung des Terrariums gehört ein Wassergefäß, das groß genug ein muss, um den Schlangen das Baden zu ermöglichen. Solch ein Wasserbecken wird von den Ringelnattern häufig zum Schwimmen und Tauchen benutzt, wird aber auch zur Flucht genutzt und stärkt deshalb das Sicherheitsgefühl der Nattern. Als weiterer Einrichtungsgegenstand kann eine Wetbox empfohlen werden. Dies ist eine ausreichend große Plastikdose mit Zugangsöffnung für die Schlangen und feuchter, lockerer Füllung aus Moos oder Bodengrund. Sie dient als Rückzugsort während der Häutung oder als Versteck. Oftmals werden darin auch die Gelege der Weibchen ins feuchte Substrat abgesetzt. Dies erleichtert das Auffinden und die Entnahme der Eier und macht eine zusätzliche Eiablagebox überflüssig.

Das Terrarium sollte gut strukturiert sein. Mehrere flache Verstecke aus Kork oder Rindenstücke dienen dem Sicherheitsbedürfnis der Tiere und schaffen kühle, feuchtere Rückzugsgebiete. Steine können als Wärmespeicher unter Strahlern dienen, müssen aber durch Eingraben bis auf den Terrarienboden gegen ein Untergraben gesichert werden. Kletteräste werden von den aktiven Ringelnattern auch häufig genutzt. Echte Pflanzen sehen nicht nur hübsch aus, sie verbessern auch das Terrarienklima. Leider sind die meisten Arten im Terrarium sehr kurzlebig. Farne und Gräser etablieren sich manchmal und sind selbst vertrocknet noch dekorativ. Grundsätzlich ist eine trockene Haltung mit spezifischen, feuchten Rückzugsorten (z. B. Wetbox) zu empfehlen, da eine übermäßige Feuchtigkeit schnell das Wachstum von gesundheitsschädlichen Mikroorganismen fördert.

Achtung: Wärmestrahler müssen entweder ausreichend hoch (oder außen) angebracht sein oder unbedingt mit einem Gitter o. Ä. geschützt werden, um Verbrennungen zu vermeiden! Foto: T. Klesius

Pflege und Ernährung

DIE Pflegemaßnahmen in der Schlangenhaltung umfassen das Entfernen von Kot, Häutungs- und Futterresten. Dies sollte immer zeitnah und peinlichst genau erfolgen, um der Entstehung von Krankheiten vorzubeugen. Trinkwasser sollte möglichst alle 1–2 Tage erneuert und das Badegefäß regelmäßig gereinigt und neu befüllt werden, da die Schlangen gerne darin abkoten.

Damit das Terrarium optisch ansprechend bleibt, kommen regelmäßige Reinigungsarbeiten der Glasscheiben und Rückwände sowie halbjährlich die komplette Erneuerungen des Bodengrundes hinzu. Falls sich echte Pflanzen im Terrarium befinden, müssen diese natürlich gegossen werden.

Neben der Fütterung der Schlangen gehört auch das Führen eines Pflegebuchs, in dem alle Fütterungen, Häutungen und andere Pflegeaktionen notiert werden, zu den Aufgaben des Pflegers. Durch das Beobachten seiner Pfleglinge erkennt man schnell deren Allgemeinzustand. Bei Verdacht auf Erkrankungen und Verletzungen ist dringend ein reptilienkundiger Tierarzt zu kontaktieren. Eine Li-

Die Pflege von Ringelnattern ähnelt grundlegend der von Strumpfbandnattern (hier: *Thamnophis sirtalis parietalis*) Foto: T. Klesius

ste solcher Tierärzte erhalten Sie über die DGHT (siehe „Weitere Informationen“). Erkundigen Sie sich bereits im Vorfeld und nicht erst dann, wenn die Schlange erkrankt ist!

Ringelnattern lassen sich einfach mit aufgetautem Weißfisch (Stint) oder nach Umstellung auch mit möglichst fellfreien aufgetauten Babymäusen oder -ratten füttern. Foto: T. Klesius

Die Fütterung der Ringelnattern erfolgt je nach Größe der Tiere in entsprechenden Intervallen. Grundsätzlich sollte diesen tagaktiven Schlangen einmal wöchentlich Futter angeboten werden. Jungtiere und trächtige Weibchen können häufiger gefüttert werden, dürfen aber nicht überfüttert werden! Zur Hauptnahrung der Ringelnattern

Im Terrarium dürfen aus Naturschutzgründen keine einheimischen Amphibien verfüttert werden! Auch parasitologisch wäre es bedenklich. Foto: T. Klesius

gehören in der Natur Amphibien (vor allem Braun- und Laubfrösche sowie deren Quappen) und deren Larven. Die Milos-Ringelnatter frisst bedingt durch das Fehlen entsprechender Gewässer in ihrem Lebensraum hauptsächlich Eidechsen, Geckos und kleine Nager. Aus den Urzeiten der Terraristik gibt es Berichte über Ringelnattern, die andere Schlangen gefressen haben, sogar Kreuz- und Wiesenottern! Da sich eine Fütterung mit geschützten Amphibien und Reptilien im Terrarium verbietet bzw. die Beschaffung von nicht geschützten Futteramphibien schwer bis nahezu unmöglich ist, stellen Süßwasserfische das Ersatzfutter der Wahl dar. Geeignet sind Süßwasserfische jeder Art, wobei die Fütterung mit Karpfenartigen vorsichtig erfolgen sollte, da diese das Enzym Thiaminase enthalten, welches die Vitamin-B_1-Aufnahme verhindert und so zu Schädigungen des zentralen Nervensystems der Schlangen führen kann. Vorbeugend kann Vitamin-B-Pulver (z. B. „Nekton B") zugefüttert werden, obwohl uns keine Fälle von Vitamin-B_1-Mangel durch das Verfüttern von karpfenartigen Fischen bei der Gattung *Natrix* bekannt ist. Als Grundnahrung kann Stint dienen, der leicht als Tiefkühlware erhältlich ist. Um das Nahrungsspektrum zu erweitern, können Forelle, Zander, Rotauge, Rotfeder und anderer Süßwasserfisch angeboten werden. Dabei ist es wichtig, nicht nur die Filets, sondern ganze Fische oder Stücke davon mit Haut, Gräten und Innereien anzubieten. Große Gräten müssen jedoch wegen der Verletzungsgefahr unbedingt entfernt werden!

Lebendfutter wird bevorzugt, kann aber dazu führen, dass kein totes Futter mehr gefressen wird Foto: T. Klesius

Aber auch aufgetaute, tote Nager entsprechender Größe werden bereitwillig angenommen. Diese werden den Weibchen bevorzugt während der Fortpflanzungszeit angeboten, da sie eine bessere Kalziumversorgung gewährleisten und einen höheren Nährwert als Fisch haben. Zusätzliche Gaben von geriebener Sepiaschale über das angebotene Futter während der Fortpflanzungszeit tragen auch zur besseren Kalzifizierung der Eier bei. Das Supplementieren (Anreichern mit Vitaminen und Mineralstoffen) des Futters sollte grundsätzlich nur gering dosiert und eher selten und unregelmäßig erfolgen. Es reicht, wenn überhaupt, eine Gabe im Monat bei adulten Tieren. Generell sollten die Schlangen so abwechslungsreich wie möglich ernährt werden. Tipps zur Fütterung von Jungtieren finden sie im Kapitel „Inkubation und Aufzucht“.

Aufgetaute Babymäuse eignen sich als Nahrung für Ringelnattern Foto: K. Kunz

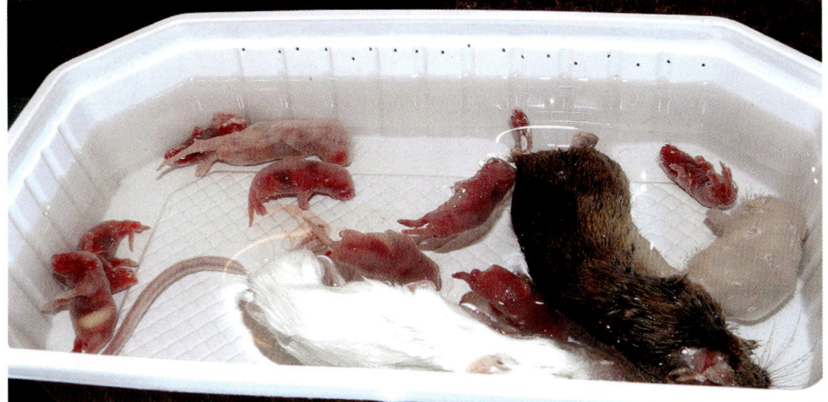

Überwinterung

DIE Überwinterung ist ein wichtiger Bestandteil im Jahresverlauf der Ringelnatter und sollte in bei der artgerechten Haltung selbstverständlich sein. Diese Ruhephase dient der Gesunderhaltung und Paarungsstimulation. Je nachdem, welche Unterart gepflegt wird, sind unterschiedliche Parameter erforderlich. Unterarten aus nördlichen Verbreitungsgebieten können bis zu der Länge unseres Winters mit Temperaturen von knapp über dem Gefrierpunkt überwintert werden. Die Winterruhe südlicher Unterarten wird kürzer und wärmer durchgeführt.

Jeder Winterruhe muss eine Phase ohne Futtergabe, aber mit sinkenden Temperaturen und abnehmender Beleuchtungslänge vorhergehen. Dies bedeutet, dass man die Fütterung ca. vier Wochen vor der eigentlichen Einwinterung einstellt. Bis zwei Wochen nach der letzten Fütterung sollte das warme Klima durch Beleuchtung zur Thermoregulation und vollständigen Verdauung beibehalten werden. Dadurch kann sich die Ringelnatter vollständig entleeren, und es bleiben keine Nahrungsreste im Verdauungstrakt, die möglicherweise während der Winterruhe zu Gesundheitsbeeinträchtigungen oder dem Tod des Tieres führen könnten. Während der darauf folgenden 1–2 Wochen wird die tägliche Beleuchtungszeit reduziert. Spätestens jetzt sollte der Verdauungsapparat der Tiere komplett entleert sein. Im letzten Abschnitt der Überwinterungsvorbereitung bleibt die Beleuchtung ganz aus, man belässt die Tiere aber noch einige Tage im Terrarium. So haben sich schon schrittweise die Temperaturen reduziert. Zur eigentlichen Überwinterung entnimmt man die Ringelnatter(n) ihrem Terrarium und überführt sie in eine Überwinterungsbox, sofern man ihnen im Terrarium nicht die Notwendigen Temperaturen bieten kann. Dazu benutzt man ausbruchsichere Kunststoffboxen, die mit einer Belüftung versehen sind. Diese werden mit weichen, grabfähigen Substraten (Kokosfaser, Terrarienerde, Blätter etc.), in die sich die Schlange vergraben kann, und Rindenstücken befüllt. Aber auch sterilere Materialien wie Papierschnipsel, Pappe, Karton oder Küchenvlies kommen infrage. Eine Ecke im Inneren der Box wird leicht feucht gehalten, ein Wassernapf

Es gibt verschiedene Varianten der Überwinterung. Hier grabfähiges, leicht feuchtes Substrat mit Eichenlaub und Wasserschale. Fotos: H. Jorias

Nur gesunde Tiere dürfen überwintert werden. Nach ordnungsgemäßer Winterpause ist fast kein Masseverlust messbar. Foto: H. Jorias

dient als Trinkmöglichkeit. Die Überwinterungsbox mitsamt der Schlange wird nun an einen geeigneten Ort zur Überwinterung gebracht werden. Dies kann ein kalter Keller, kühler Dachboden, Garage, Gartenhaus oder idealerweise ein extra bereitgestellter Kühlschrank sein. Dort lassen sich die Temperaturen optimal einstellen und überwachen. Je nach Unterart muss ein unterschiedlicher Temperaturbereich eingestellt werden. Die Nominatform der Ringelnatter, *Natrix natrix natrix*, sowie Tiere der Unterart *helvetica* und *persa* kommen erst bei Temperaturen unter 8 °C wirklich zur

Ruhe und vertragen Temperaturen bis knapp über dem Gefrierpunkt gut. Die Milos-Ringelnatter (*Natrix natrix schweizeri*) und die anderen südeuropäischen Unterarten der Ringelnatter, stellen ihre Aktivität schon bei unter 14 °C fast ganz ein, sollten aber nicht unter 8°C überwintert werden. Wichtig für eine nicht zu kräftezehrende Winterruhe ist eine möglichst konstante Temperatur im Idealbereich. Sind die Temperaturen zu hoch, läuft der Stoffwechsel des Tieres weiter, und es kommt zu Masseverlust/Dehydration und möglicherweise zu gesundheitsgefährdenden Stoffwechselnebenprodukten. Während der Überwinterung trinken Ringelnattern gelegentlich und werden auch manchmal im Wassergefäß liegend angetroffen. Daher muss das Trinkwasser in regelmäßigen Abständen erneuert werden. Die Temperatur wird täglich überprüft, aber die Schlange möglichst nicht gestört. Die Länge der Winterruhe sollte mindestens sechs Wochen betragen und kann bei den nördlichen Unterarten bis zu 3–4 Monaten dauern.

Möchte man seine Ringelnattern auswintern, kann dies wesentlich schneller als die Einwinterung, aber in umgekehrter Reihenfolge erfolgen. Sobald die Temperatur in den Aktivitätstemperaturbereich steigt, werden die Schlangen aktiv, und die nächste Aktivitätsperiode beginnt. Der Übergangsbereich ist besonders anstrengend für den Organismus, weshalb wir unsere Tiere innerhalb von 2–5 Tagen auswintern und ihnen dann sofort die Möglichkeit zum Aufwärmen bieten. Dies entspricht der Auswinterung in der Natur, wo sich die Nattern in der warmen Frühlingssonne aufheizen, um den Kreislauf in Schwung zu bringen.

Um abschätzen zu können, wie stark die Überwinterung die Ringelnatter belastet hat, führt man vor und nach der Überwinterung Gewichtskontrollen durch. Im Idealfall beträgt der Gewichtsverlust nur wenige Gramm. Will man ganz sicher gehen, reicht man rechtzeitig im Spätsommer eine Kotprobe zur Untersuchung ein, denn es sollten nur gesunde, gut genährte Tiere überwintert werden. Bei einem positiven Befund hat man dann noch ausreichend Zeit zur Behandlung und Stabilisierung vor der Überwinterung. Tiere, die kurz vor der Häutung stehen, werden erst im Anschluss daran eingewintert. Weitere Informationen zur Überwinterung finden sie in Klesius 2013.

Gesundheit

DIE Gefahr einer Zoonose, d. h. einer Übertragung von Krankheiten von Tieren auf Menschen, ist bei der Haltung von Ringelnattern extrem gering. Dennoch ist die sorgfältige Einhaltung einer Hygiene bei der Haltung von Reptilien notwendig. Nach jedem Handling im Terrarium sollten die Hände unter fließendem Wasser kräftig mit Seife gewaschen werden. Anschließend werden die Hände desinfiziert (z. B. mit F10) und nach der Einwirkzeit nochmals gewaschen. Benötigte Geräte sind stets sauber zu halten. Futterpinzetten werden nach jedem Einsatz gründlich gereinigt (Desinfektion, Überbrühen mit kochendem Wasser). Um eine mögliche Krankheitsübertragung zu vermeiden, dürfen Terrarienzubehör und Hilfsmittel nie für weitere Terrarien verwendet werden. Am besten benutzt man für jedes Becken eine eigene Futterpinzette.

Da von Ringelnattern ausschließlich Nachzuchten gehalten werden dürfen, sind vor allem Haltungsfehler (zu häufiges Füttern, zu trockene, zu feuchte, zu kalte oder zu warme Haltung) Ursache von Krankheiten. Wichtig bei allen Neuzugängen sind stets eine mindestens sechswöchige Quarantäne unter verschärften Hygienemaßnahmen und die regelmäßige Durchführung parasitologischer Untersuchungen wie oben beschrieben. Die Kosten dafür

Vermehrung von Ringelnattern

IN der Natur erreichen die Weibchen der Ringelnatter die Geschlechtsreife mit ca. 4–5 Jahren, Männchen sind dagegen bereits ab dem 2. Lebensjahr fortpflanzungsfähig. Im Terrarium erreichen die Tiere die Geschlechtsreife wesentlich früher.

Um Ringelnattern im Terrarium zur Vermehrung zu bringen, muss man natürlich im Besitz mindestens eines fortpflanzungsfähigen Pärchens sein, doch auch Größe und Körpermasse der Tiere sind für eine erfolgreiche Nachzucht ausschlaggebend. Um eine verfrühte Trächtigkeit zu vermeiden, die für junge Weibchen durchaus lebensbedrohlich sein kann, werden diese im ersten Lebensjahr von den Männchen getrennt. Zum einen wird dem Skelett junger Weibchen durch die verfrühte Trächtigkeit Kalzium entzogen,

liegen bei ca. 18 €/Untersuchung. Sicherer ist es, wenn man im Abstand weniger Wochen zwei Kotproben einschickt, da ein Parasitenbefall zeitweise stark schwanken kann. Die Proben müssen umgehend im spezialisierten Labor untersucht werden, da es abhängig von Temperatur und Feuchtigkeit zur rasanten Vermehrung bzw. zum Absterben möglicher Parasiten und damit zu einem verfälschten Ergebnis kommen kann. Es sollten nie Medikamente prophylaktisch, d. h. ohne vorausgegangenen Befund verabreicht werden. Zur genauen Abklärung des Gesundheitszustands sollte immer ein erfahrener und vor allem reptilienkundiger Tierarzt (eine Liste finden Sie unter www.dght.de) aufgesucht werden. Keinesfalls sollte man aus Kostengründen eine notwendige Untersuchung auslassen. Weitere Informationen zu Reptilienkrankheiten liefern spezielle Fachbücher.

Dieses (fast) doppelköpfige Jungtier lebte noch ca. 30 Minuten nach unterstütztem Schlupf, bevor es verstarb. Ein temporärer Fehler in der Entwicklung im Ei. Foto: T. Klesius

was zu irreversiblen Schäden führen kann und auch die Eigröße bewirkt im noch zu kleinen Schlangenkörper Probleme. Zum anderen ist bei nicht ausgewachsenen Exemplaren die Gefahr einer Legenot durch unbefruchtete Eier höher, da diese oftmals rauschaliger sind.

Wie sind die Geschlechter bei Ringelnattern zu unterscheiden?
Adulte Exemplare weisen im Gegensatz zu Jungtieren einen Geschlechtsdimorphismus (äußerliche Geschlechtsunterschiede) auf. Ausgewachsene Weibchen sind mit ca. 100 cm im Durchschnitt erheblich größer und kräftiger als Männchen (ca. 60–70 cm). Auch in der Färbung und Zeichnung gibt es je nach Unterart mehr oder weniger deutliche Unterschiede. So verlieren ältere Weibchen häufig ihre Mondflecken (z. B. *N. n. helvetica*). Bei *Natrix n. natrix* sollen die

Angedockt! Schlangenmännchen haben zwei stachelige Hemipenes. Es kann passieren, dass das größere Weibchen das Männchen minutenlang hinter sich her zieht, bis die Schwellung nachlässt. Foto: T. Klesius

Mondflecken bei den Männchen stärkere und leuchtendere Farben aufweisen (Kabisch 2004). Adulte Männchen zeigen besonders zur Fortpflanzungszeit eine rübenförmig verdickte Schwanzbasis und haben relativ längere Schwänze und mehr Subcaudalia (Unterschwanzschilde) als Weibchen, die im Verhältnis zur Kopflänge breitere Köpfe besitzen. Als zuverlässiges Unterscheidungskriterium gilt die relative Schwanzlänge (SL) im Verhältnis zur Kopf-Rumpf-Länge (KRL, kompletter Körper bis Schwanzansatz). Diese ist aber je nach Unterart unterschiedlich. Mertens (1947) nennt exemplarisch folgende Indexzahlen bei geschlechtsreifen Tieren für zwei in der Schweiz und in Deutschland vorkommenden Unterarten:

	Männchen	Weibchen
Natrix n. natrix	3,5–3,9 (Ø 3,6)	3,9–4,9 (Ø 4,3)
Natrix n. helvetica	3,5–4,1 (Ø 3,8)	3,9–5,4 (Ø 4,2)

Geschlechtsspezifischer Index der relativen Schwanzlänge (Kopf-Rumpf-Länge: Schwanzlänge)

Auch die Anzahl der Subcaudalia (Unterschwanzschilde) differiert unterartspezifisch zwischen den

Geschlechtern. Nach Mertens (1947, in den Klammern steht der Mittelwert):

Unterart	Männchen	Weibchen
astreptophora	74–79 (77)	57–67 (60)
cetti	60–63 (61)	53 (nur 1 Exemplar)
helvetica	61–73 (67)	49–64 (57)
natrix	65–76 (71)	53–64 (59)
persa	67–89 (77)	55–73 (66)
schweizeri	70–76 (73)	61–63 (62)
scutata	60–75 (70)	56–62 (59)
sicula	72–73 (72)	60–63 (61)

Anzahl der Subcaudalia nach Mertens (1947). In den Klammern ist der Mittelwert angegeben.

Eine Möglichkeit, das Geschlecht seiner Schlangen zu ermitteln, ist das sogenannte „Poppen". Dabei wird geprüft, ob sich durch vorsichtiges Drücken in Höhe der Schwanzwurzel die dort bei Männchen vorhandenen Hemipenes herausmassieren lassen. Dies erfordert jedoch viel Geschick und Erfahrung. Speziell bei Ringelnattern ist „Poppen" nur sehr schwer bzw. kaum möglich, weshalb auf diese Methode besser verzichtet werden sollte, um Stress und mögliche Verletzungen zu vermeiden.

Das Sondieren stellt ebenfalls eine Möglichkeit der Geschlechtsbestimmung dar, birgt aber große Verletzungsgefahren für die Tiere und ist daher nur wirklichen Spezialisten vorbehalten, weshalb wir hier nicht näher darauf eingehen wollen.

Damit die Ringelnattern im Frühjahr zur Fortpflanzung schreiten, ist es wichtig, den Tieren eine mindestens sechswöchige Winterruhe angedeihen zu lassen. In der Natur überwintern Ringelnattern oft gemeinschaftlich mit anderen Reptilien. Die Paarungszeit beginnt Anfang April mit dem Erscheinen der Weibchen aus den Winterverstecken, im Terrarium dagegen mit dem Zusammensetzen beider Geschlechter unmittelbar nach der Winterruhe. In der Natur kommt es zu regelrechten Massenpaarungen, bei denen die Zahl der Männchen deutlich überwiegt. Das Auffinden der Weibchen erfolgt visuell, aber auch über den Geruchssinn. Die paarungsstimulierenden Pheromone werden verstärkt nach Häutungen ausgedünstet. Kommentkämpfe unter den Männchen oder zwischengeschlechtliche Nackenbisse erfolgen nicht. Es ist ein Drängeln und Schieben, ähnlich der aus Manitoba/Kanada bekannten „mating balls" der Strumpfbandnattern bei der sich letztlich die stärksten und geschicktesten Männchen erfolgreich mit den Weibchen paaren. Zur Stimulierung kriecht das Männchen dabei ruckartig mit zuckendem Körper und kopfnickend sowie züngelnd

Im Frühjahr nach der Winterpause verfolgen die Männchen die Weibchen. Wer wird erfolgreich sein? Foto: T. Klesius

über den Rücken der kräftigeren Partnerin. Mit seinem Schwanz umschlingt er den des Weibchens und führt schließlich einen seiner beiden stacheligen Hemipenes in die weibliche Kloake ein. Der Paarungsakt kann zwischen einigen Minuten bis zu mehreren Stunden dauern. Das kräftigere Weibchen kann im Verlauf der Paarung das fest „eingehakte" Männchen regelrecht rückwärts hinter sich herziehen. Das sollte man auch bei der Terrarienhaltung berücksichtigen und Höhlen sowie mögliche „Durchgänge" ausreichend groß für beide Geschlechter wählen.

Die Eiablage erfolgt in der Natur zwischen Ende Juni und Anfang August, im Terrarium meist in den Monaten Mai und Juni. Das Gelege besteht aus 8–30 ledrigen Eiern, wobei ältere Weibchen größere Gelege mit mehr Eiern legen als junge Weibchen. Im Terrarium kann es auch zur Ablage eines Zweitgeleges kommen, das in der Regel jedoch weniger Eier enthält.

Ein Rekordgelege mit 105 Eiern (!) erwähnt Kabisch (2004) von der Mecklenburgischen Seenplatte. Die Eier werden versteckt in Höhlen oder feuchten Böden abgelegt. Bevorzugt werden aber Laub-, Kompost-, Mist-, oder Sägemehlhaufen. Durch die begrenzte Anzahl optimaler Ablageplätze in den Lebensräumen der Ringelnatter kommt es regelmäßig zu Masseneiablagen (Kabisch 2004), wobei die Ablageplätzen auch zusätzlich von Würfelnatter, Vipernatter oder Äskulapnatter genutzt werden können (Kreiner 2007). Kabisch (2004) fand zusammen mit Studenten in Nordostdeutschland in den 1960er-Jahren wiederholt riesige Massengelege mit bis zu 4.000 Eiern! Im Terrarium legen unsere Rin-

Eiablage der Östlichen Ringelnatter *Natrix natrix natrix* im Terrarium Foto: T. Klesius

gelnattern stets in den dauerhaft bereitgestellten und bereits oben beschriebenen „Wetboxen" ab.

Die 30–40 mm langen Eier sind oft zu Ballen zusammengeklebt. Bei guter Fütterung kann es im Terrarium im Juli/August zu einem Zweitgelege kommen. Gelegentlich finden auch Herbstpaarungen statt. Wie andere Nattern sind auch Ringelnattern zur Samenspeicherung (Amphigonia retardata) befähigt, sodass eine Paarung ausreicht, um auch im Folgejahr befruchtete Eier entwickeln zu können.

Die verschiedenen Unterarten der Ringelnatter können miteinander hybridisieren, ebenso sind Bastarde zwischen der Ringelnatter und *N. tesselata* und *N. maura* bekannt. Diese Arten dürfen daher nie geschlechtsgemischt vergesellschaftet werden! Am besten pflegt man jede Art/Unterart für sich im Terrarium und vergesellschaftet nur Tiere aus der gleichen Region miteinander, sodass solche Vermischungen vermieden werden. Gibt es bei den Nachzuchten keinerlei Auffälligkeiten oder ungewünschte Mutationen, so können auch bedenkenlos Geschwister untereinander verpaart werden. Besteht jedoch die Möglichkeit, blutsfremde Tiere aus dem gleichen Herkunftsgebiet für eine weitere Vermehrung zu erhalten, so sollte dies vorgezogen werden.

Inkubation und Aufzucht

DIE Gelege, die je nach Unterart und Alter/Größe des Weibchens zwischen 6-30 Eiern liegt, sollten direkt nach der Ablage aus dem Terrarium entnommen werden, ohne dabei die Lage der Eier zu verändern. Das größte jemals gefundene Einzelgelege hatte übrigens 105 (!) Eier (MERTENS, R. (1947), KABISCH 1978). Man überführt sie am besten in eine ausbruchsichere, leicht belüftete Kunststoffbox (z. B. „Heimchenbox" mit Luftlöchern), die idealerweise bereits einige Tage zuvor mit feuchtem Perlite (alternativ auch: Vermiculit) im auf 26–27 °C erwärmten Inkubator stand. Die Feuchtigkeit des Perlite ist optimal, wenn beim Auspressen mit der Hand keine Wassertropfen mehr abtropfen! Optional kann im Verlauf der Inkubation das Substrat (nicht die Eier!) vorsichtig mit warmen Wasser aus einer Gießkanne nachgefeuchtet werden. Wichtig ist vor allem eine Luftfeuchtigkeit von ca. 95 %.

Perlite gibt es als Schüttungsmaterial im gut sortierten Baumarkt. Damit das Gelege besser aufliegt, kann man vorab im Substrat Vertiefungen anlegen, so dass die Eier - ohne sie zu bedecken - darin eingebettet werden.

Unbefruchtete Eier, sogenannte „Wachseier", sind gelblich, wachsen nicht und werden fest. Meist werden sie vom Weibchen vor der eigentlichen Ablage irgendwo im Terrarium verworfen. Innerhalb eines Geleges stellen unbefruchtete Eier normalerweise kein Problem dar. Liegen sie separat, sollte man sie natürlich entsorgen. Auch vermeintlich schlecht aussehende Eier können jedoch befruchtet sein und sich normal entwickeln. Bisweilen schlüpfen gerade aus solchen Eiern besonders hübsche Jungschlangen.

Ein Schimmelbefall einzelner Eier im Gelege ist meist unproblematisch, sollte aber beobachtet werden! Falls möglich, entfernt man ein schimmelndes Ei, ohne die anderen dabei zu verletzen. Die led-

WUSSTEN SIE SCHON?

Kräftigere Schlüpflinge haben bessere Überlebenschancen, da sie vitaler sind. Wird das Gelege während der Inkubationszeit zu trocken gezeitigt, wachsen die Eier weniger, und es schlüpfen dementsprechend kleinere Jungtiere. Zu feucht darf das Inkubationssubstrat aber auch nicht sein, da die Eier aufblähen und die Embryonen sogar absterben können!

rige Eischale schützt vor äußeren Einflüssen wie z. B. Pilzbefall gut. Optional streut man vorsichtig etwas Aktivkohle aus der Apotheke auf die verschimmelten Stellen.

Die Inkubationszeit beträgt bei 26–27 °C ohne Nachtabsenkung ca. 7–9 Wochen. Bei höheren Temperaturen um 30 °C dauert die Inkubation sogar nur knapp vier Wochen, wobei es aber zu Schädigungen der Embryos kommen kann!

Nach erfolgreicher Inkubation ritzen die kleinen Schlangen mit ihrem etwa 1 mm langen und 0,5 mm breiten Eizahn, der einige Tage nach dem Schlupf abbricht, die

DER PRAXISTIPP

Ist das Perlit während der Inkubation zu feucht, wechselt man entweder das zu nasse Substrat aus oder man legt zum Absaugen der Flüssigkeit Küchenpapier oder Zeitung darauf. Gegebenenfalls muss dies mehrmals erfolgen.

Ist das Gelege zu trocken oder eingefallen, feuchtet man vorsichtig nach und legt ein feuchtes Stück Zeitung darüber, möglichst ohne dass dieses die Eier berührt. So entsteht ein feuchtes Mikroklima unter und über den Eiern, sodass diese schnell die notwendige Feuchtigkeit aufnehmen können. Insbesondere kurz vorm Schlupf fangen die Eier an zu „schwitzen“, und die Schale fällt teilweise ein. In diesem Stadium darf nicht mehr nachgefeuchtet werden, da die Schlangenbabys sonst in den Eiern „ertrinken“ können!

Die Inkubation kann in kleinen Boxen mit Luftlöchern auf Vermiculit erfolgen. Der Wassernapf ist im Inkubator, da sich darunter verklebte Ringelnattereier befanden. Foto: T. Klesius

Mit dem Eizahn wird das ledrige Ei vorm Schlupf mehrfach angeritzt und die Jungschlangen atmen erstmals atmosphärische Luft
Foto: T. Klesius

ledrige Eischale mit mehreren Schlitzen auf. Meist verbleiben die 16–22 cm langen und schlanken Nattern 1–2 Tage im Ei, lugen immer wieder vorsichtig in die fremde Welt und ziehen sich bei Gefahr wieder in die Eischale zurück. In dieser Zeit resorbieren sie den restlichen Eidotter, wodurch sie bis zur Ersthäutung ca. 7 Tage nach Schlupf sowie die Tage danach gut mit Nährstoffen versorgt sind.

Achtung: Falls ein bereits angeritztes Ei versehentlich verdreht wird, besteht die Gefahr, dass die kleine Schlange den Ausgang nicht mehr findet und im Ei erstickt! Bereits geschlüpfte Schlangen sollten zeitnah in ein bereits vorbereitetes Aufzuchtterrarium überführt werden. Der Schlupf des gesamten Geleges erfolgt innerhalb weniger Tage, wobei hier nach unserer Einschätzung sicher auch Bewegungen und Pheromone der bereits geschlüpften Schlangen eine Rolle spielen dürften. Nicht angeritzte Eier können nun vorsichtigst mit einer kleinen Nagelschere angeschnitten werden.

Beim Schlupf zeigen die im Schnitt 3 g schweren Ringelnattern eine kontrastreichere Grundfärbung als ausgewachsene Exemplare.

Nach dem Schlupf werden die Jungtiere direkt in Kleingruppen in kleine Aufzuchtterrarien umgesetzt. Die Nabelschnur trocknet direkt nach dem Schlupf ein und fällt ab, und die Bauchdecke schließt sich. Mit feuchtem Küchenvlies als Bodengrund vermindert man die Infektionsgefahr und erleichtert die wichtige Ersthäutung, die ca. eine Woche später stattfindet. Die klimatischen Haltungsbedingungen entsprechen prinzipiell denen der Adulti, jedoch sollte der Nachwuchs anfangs etwas feuchter gehalten werden. Auch nach der Ersthäutung wird ein Teilbereich des Aufzuchtterrariums stets feucht gehalten, trockene Liegeflächen sind z. B. durch kleine Korkstücke oder Kletterzweige bereitzustellen.

Ein Aufzuchtterrarium reicht für 5–6 Jungtiere und sollte keinesfalls zu groß bemessen sein, da die Jungtiere einen zu großen Lebensraum nicht überblicken können. Es kann dann geschehen, dass sie unsicher und scheu werden und nicht fressen. Ideal ist z. B. ein Aufzuchtterrarium mit den Maßen 30 × 40 × 30 cm (L × B × H). Solche Terrarien gibt es im Fachhandel als sog. „Spinnenwürfel“ mit zwei Lüftungsflächen. Damit das Terrarium ausbruchsicher für die winzig kleinen Schlangen ist, benötigt man eine dicht schließende Falltürscheibe, da herkömmliche Schiebescheiben mit dem Zwischenraum kein ernstes Hindernis für die kleinen Ringelnattern darstellen! Ein oben offenes Aquarium ist ebenfalls ungeeignet, da die 2–3 g leichten Nattern mit etwas Feuchte unter Ausnutzung der Adhäsion problemlos die Scheiben emporklettern. Kleinste Ritzen reichen bereits zur Flucht!

Die Jungtiere eines Geleges schlüpfen in kurzem Abstand voneinander Foto: T. Klesius

Die Einrichtung sollte spartanisch und leicht auszuwechseln sein: Küchenpapier als Bodengrund, 1–2 kleine, möglichst flache Verstecke mit kleinen Öffnungen (umgedrehtes Tontöpfchen, Ton-Unterteller mit Keilschlitz), Kletterzweige, eine kleine Wasserschale (z. B. kleiner Katzenwassernapf oder Nutella-Glas-Deckel), eine kleine 20 Watt-Halogen-Bürolampe aus dem Baumarkt (wegen der Dehydrationsgefahr keinesfalls Wärme von unten!). Lampen innerhalb des Terrariums müssen gesichert

DER PRAXISTIPP

Versuchen Sie zunächst, ob die jungen Ringelnattern totes Futter fressen. Durch Lebendfütterung können die Nattern „verwöhnt“ werden, und die spätere Umstellung auf Totfutter ist dann manchmal schwierig. Ringelnattern bevorzugen als tagaktive visuelle Jäger eher lebende Beute als Aas. Bevorzugt werden meist (in dieser Reihenfolge): lebende Frösche und deren Quappen, lebende Süßwasserfische, tote ganze Süßwasserfische, zerkleinerte Süßwasserfische, Mäuseteilchen, kleine Stinte, zerteilte Stinte.

Sehr selten kommt ein Zwillingsschlupf vor
Foto: H. Jorias

sein, damit sich die Tiere nicht daran verbrennen können! Besser ist eine Außenanbringung.

Kletteräste sollten so ins Terrarium eingebracht werden, dass erhöhte Sonnenplätze geschaffen werden, wo die Schlangen sich entsprechend aufwärmen können. Gerne werden auch Klettermöglichkeiten über dem Wasser angenommen. Es ist wichtig, dass möglichst verschiedene Mikroklimata geschaffen werden, also sowohl warme und trockene als auch kühle und feuchte Bereiche.

Die erste Nahrungsaufnahme erfolgt frühestens nach der Ersthäutung eine Woche nach dem Schlupf. Durch das Resorbieren des Eidotters sind die Nattern anfangs gut versorgt, und es besteht kein Anlass zur Ungeduld. Durch kräftiges Sprühen kurz vor der Ersthäutung kann man diese erleichtern. Es muss an der abgestreiften Haut (das sogenannte „Natternhemd“) überprüft werden, ob sich alle Jungtiere komplett gehäutet haben. Insbesondere Häutungsreste auf den Augen können Pilzerkrankungen nach sich ziehen, eine ungehäutete Schwanzspitze kann zum Absterben derselben und damit zu einer lebensbedrohlichen Nekrose führen. Häutungsreste am Körper der Schlangen weisen

Es ist angerichtet! Wenn keine kleinen Futterfische zur Verfügung stehen, muss geschnippelt werden. Man kann zerschnittenen Stint, Forelle und Teile aufgetauter Mäusebabys vermischen. Letztere teilt man am besten in noch gefrorenem Zustand. Angeboten werden darf nur komplett aufgetautes Futter! Foto: T. Klesius

auf eine zu trockene Haltung oder Stress bzw. Krankheit hin. Komplett ungehäutete Jungtiere sind mittelfristig Todeskandidaten, da sich die Haut immer weiter verhärtet, was die Bewegungsmöglichkeit extrem einschränkt. Solche Tiere fressen auch nicht und müssen schnellstmöglich im niedrigen, lauwarmen Wasserbad in einer Box für einige Minuten eingeweicht werden. Im besten Fall erfolgt nun die Häutung von selbst oder unterstützt, ansonsten muss ein reptilienkundiger Tierarzt aufgesucht werden. Eine Liste solcher Tierärzte kann auf der Homepage der DGHT (siehe „Weitere Informationen“) unter www.dght.de eingesehen werden.

Junge Ringelnattern sind oft scheu und fressen oft erst ungestört und bei Abwesenheit von Menschen oder Haustier (Katze/Hund). Totfutter wird in Form zerschnittener Süßwasserfische bzw. Mäusebabys auf einem kleinen Marmeladenglasdeckel mit etwas Wasser gegen schnelles Austrocknen angeboten. Multivitaminpulver wird noch keines dazugegeben, da es eventuell für die Schlangen befremdlich riecht. Der Futterdeckel wird in Verstecknähe aufgestellt (eventuell mit einem Korkstück et-

Die Schlüpflinge werden umgehend aus dem Inkubator in ihr kleines und temperiertes Aufzuchtbehältnis überführt, damit keine Eier gedreht werden. Bis zur Ersthäutung darf etwas feuchter gehalten werden. Foto: T. Klesius

was abgedeckt). Dann verlässt man am besten für etwa eine Stunde den Raum, damit die Jungschlangen ungestört das Futter untersuchen können. Wenn die Tiere wiederholt gefressen haben, kann man versuchen, leise und ohne sich zu bewegen, die Fütterung zu beobachten. Mit gegenseitigem Verbeißen hatten wir bei unseren Ringelnattern nie Probleme, da die Jungtiere bei Totfütterung sehr zögerlich fressen. Ganz ausschließen kann man dies aber nie. Bei lebendem Futter kann es jedoch ganz anders sein! Einheimische Lurche und deren Larven bzw. Quappen dürfen aus Artenschutzgründen nicht verfüttert werden! Lebende Fische passender Größe (z. B. adulte Guppymännchen) fressen Jungschlangen meist problemlos. Ist das Wasserbehältnis, in das die Futterfische gegeben werden, nicht zu groß, erleichtert man den Schlangen das Jagen. Gibt man zu den lebenden Fischen auch tote Fische oder mundgerecht zerschnittene Fischstücke mit ins Wasser, fressen die Schlangen quasi „aus Versehen“ den toten Fisch mit und gewöhnen sich daran, sodass man nach und nach das Futter umstellen kann. Später ist dann der visuelle Reiz

lebender Fische nicht mehr notwendig, und es wird direkt totes Futter gefressen.
Einheimische Fischarten (z. B. Moderlieschen, Bitterlinge usw.) werden lieber als der Brackwasserfisch Stint gefressen. Viele einheimische Fischarten sind aber geschützt! Barsche haben oft stachelige Rückenschuppen, die ein großes Verletzungsrisiko darstellen.
Bei zerschnittenen großen Fischen (z. B. Forelle aus dem Supermarkt) müssen die großen Gräten entnommen werden, da diese sich im Darm verhaken können (MUTSCHMANN 1995). Fische aus dem Zoofachgeschäft sind oft mit lebensgefährlichen Antibiotika belastet, besonders wenn sie erst frisch vom Großhandel kamen. Private Nachzuchten sind hier unbedingt vorzuziehen.
Durch Verwittern neuer Futtersorten, z. B. andere Fischarten oder tote Nager mit bekanntem Futter kann man die Nahrungspalette erweitern, bietet dadurch Abwechslung und vermindert mögliche Engpässe bei der Futterbesorgung. Als helfender „Träger" kann dabei Multivitaminpulver (Herpetal complete, Nekton-Rep, Korvimin ZVT) in Kombination mit Vitamin B_1 (z. B. Nekton-B) dienen, das ab

Ringelnattern sind aktive Jäger! Um sie an totes Futter zu gewöhnen, muss man den Jagdtrieb umlenken. Beißen die Natternbabys versehentlich in den toten Stint und fressen ihn, gewöhnen sie sich an den Geschmack. Ähnlich verfährt man bei der Umstellung auf tote Mäusebabys als Futter. Foto: H. Jorias

Ein Aufzuchtterrarium für junge Ringelnattern mit Versteckmöglichkeiten, einem Wassernapf, Küchenvlies und Klettermöglichkeiten. Das Tontöpfchen speichert Feuchtigkeit beim täglichen kurzen Besprühen, oberhalb des Terrariums ist eine 20-W-Halogenlampe. Von unten wird nicht beheizt! Foto: T. Klesius

der regelmäßigen Nahrungsaufnahme stets in geringen Mengen auf das Futter gestreut wird. Die Wassernattern orientieren sich mittelfristig an dem Geruch des Vitaminpulvers und nehmen neuen Fischgeruch weniger wahr.

Da wir die Jungtiere in Kleingruppen mit 4–6 Tieren halten, füttern wir zunächst alle zwei Tage, um sicherzugehen, dass auch schüchterne Tiere ihre Ration erhalten. Nach etwa zwei Monaten füttern wir nur noch zwei Mal je Woche. Ein Überfüttern geht schnell mit einer Verfettung der Organe einher. Auch kann die Leber möglicherweise mit einem besonders rapiden Längenwachstum nicht mithalten und den Körper nicht ausreichend entgiften. Als Wildtiere fressen die Nattern instinktiv so viel wie möglich, um auf schlechte Zeiten vorbereitet zu sein. Halten diese Schlaraffenlandzeiten dauerhaft an, sind wie beim Menschen Wohlstandserkrankungen die Folge.

Man kann Jungtiere direkt im ersten Winter einwintern, allerdings muss man hier auch mit Verlusten rechnen. Daher überwintern unsere Jungtiere erst ab dem zweiten Winter. Spät im Jahr geborene Jungtiere fressen in der Natur oft nicht vor dem Winter, sondern erst im darauffolgenden Jahr. Hat man nicht fressende, spät geschlüpfte Nachzuchten im Aufzuchtterrarium, können diese direkt überwintert werden. Nach der Kältephase fressen die Tiere meist gut.

Jungtiere sollten erst abgegeben werden, wenn sie futterfest und stabil für Transportstress und eine neue Haltungsumgebung sind. Die Lebenserwartung einer Ringelnatter liegt bei ca. 15-20 Jahren; der belegte Rekord liegt bei 28 Lebensjahren. (Kabisch 1999)

Die langjährige Haltung und Vermehrung dieser bedrohten Schlangenart ist eine zufriedenstellende Beschäftigung mit der Natur, ein Bezug, der in unserem technisierten Leben fast schon abhandengekommen ist. Schlangen haben keine Lobby, und die christliche Lehre hat leider viel zu Unwissenheit und Abscheu gegenüber diesen faszinierenden Tieren beigetragen. Trotz Aufklärung werden in Deutschland und weltweit aus Angst und Unwissenheit Schlangen totgeschlagen und deren Lebensräume zerstört. Wir hoffen, dass durch die Zusammenarbeit engagierter Hobbyterrarianer und Wissenschaftler neue Erkenntnisse gewonnen werden können, die breite Aufmerksamkeit in unserer Gesellschaft erfahren. Aufklärung muss möglichst früh in Kindergärten und Schulen beginnen. Es ist eine Generationenaufgabe. Wir hoffen, dass wir mit der Erhaltung und Vermehrung der Ringelnatter zum Natur- und Artenschutz beitragen und dass die natürlichen Lebensräume erhalten und wieder hergestellt werden. Es ist ein sehr schönes Gefühl, etwas für seine Mitwelt und sich schaffen zu können.

Vitamin-Mineralstoff-Gemische für Reptilien wie Korvimin oder Herpetal halten Tierärzte und der Zoohandel bereit Foto: M. Barts

Gruppe junger Ringelnatter-Nachzuchten Foto: T. Klesius

Dank

Thomas Klesius dankt seiner lieben Frau, Yvonne Klesius, die mit großer Begeisterung unsere Tiere versorgt und pflegt. Ralf Hörold, Tommy Becker und Serge Endrezzi gebührt Dank für die gewissenhafte Versorgung unserer Tiere während unserer Abwesenheiten, Guido Kreiner, Benny Trapp und Dietmar & Andrea Gläser-Trobisch für umfangreichen und interessanten Austausch über das schönste Hobby der Welt, meinem Mitautor und langjährigen Freund Harald Jorias für seine Kooperation und engagierter Mitarbeit an diesem Büchlein parallel zu seiner neuen Aufgabe als Papa.
Harald Jorias dankt seiner lieben Frau Saskia Jorias und Sohn Mika, die mit viel Geduld und Toleranz die Ausweitungen seines Hobbys zulassen. Swen Weiand gebührt Dank für den permanenten Erfahrungsaustausch und Thomas Klesius für die Motivation sowie die Unterstützung beim Schreiben dieses Buches.

Weitere Informationen

Zur Vertiefung der in diesem Buch gegebenen Informationen und zum tieferen Einblick in terraristische und herpetologische Themenbereiche empfehlen sich die Mitgliedschaft in einem Verein gleich gesinnter Terrarianer und ein intensives Literaturstudium. Die folgenden Auflistungen sollen dabei behilflich sein, einen Einstieg in die Thematik zu finden, können aber natürlich nur einen kleinen Ausschnitt aufzeigen.

Vereine und Interessengruppen

Die Deutsche Gesellschaft für Herpetologie und Terrarienkunde (DGHT; www.dght.de; DGHT e. V., Postfach 120433, 68055 Mannheim, Tel.: 0621-86256490, E-Mail: gs@dght.de) ist mit über 7.000 Mitgliedern die weltweit größte Gesellschaft ihrer Art und bringt Wissenschaftler und Hobbyherpetologen zusammen. Mitglieder erhalten verschiedene herpetologische/terraristische DGHT-Zeitschriften und haben Zugriff auf ein Kleinanzeigen-Internet-Portal.
Innerhalb der DGHT gibt es eine AG Schlangen, die sich auch mit der Ringelnatter beschäftigt. Sie bringt die Zeitschrift „Ophidia" heraus. Kontakt über die Geschäftsstelle der DGHT (siehe oben).

Untersuchungsstellen

Kotproben, Sektionen und andere Untersuchungen können von spezialisierten Tierärzten oder von veterinärmedizinischen Untersuchungsstellen, die es in vielen Städten gibt, vorgenommen werden. Eine Liste mit Tierärzten, die sich mit Reptilien und Amphibien beschäftigen, kann über die DGHT bezogen oder auf www.dght.de eingesehen werden.
Überregional bekannt sind z. B. folgende Einrichtungen:

- Exomed
Postfach 630149
10266 Berlin
Tel.: 030-51067701
E-Mail: labor@exomed.de
www.exomed.de

- Universität München
Klinik für Vögel, Reptilien, Amphibien und Zierfische
Kaulbachstr. 37
80539 München
Tel.: 089-2180-2283
Mobil: 0177-5781344 (Notdienst)
E-Mail: reptilienstation@vogelklinik.vetmed.uni-muenchen.de
www.vogelklinik.vetmed.uni-muenchen.de

- Chemisches und Veterinäruntersuchungsamt Ostwestfalen-Lippe
Westerfeldstr. 1, 32758 Detmold
Tel.: 05231-9119
E-Mail: Poststelle@cvua-owl.de
www.cvua-owl.de

- Vet Med Labor GmbH
Divison of IDEXX Laboratories
Mörikestr. 28/3
71636 Ludwigsburg
Tel: 01802-838-633
E-Mail: hotline-Germany@idexx.com
www.idexx.de
(für privat nur über Ihren Tierarzt)

Zeitschriften

- REPTILIA, TERRARIA/elaphe
Terraristik-Fachmagazine erscheinen je sechs Mal jährlich, mit Internetportal für Kleinanzeigen
Natur und Tier - Verlag GmbH
An der Kleimannbrücke 39/41
48157 Münster
Tel.: 0251-133390
E-Mail: verlag@ms-verlag.de
www.reptilia.de

- DRACO
Terraristik-Themenheft erscheint vier Mal jährlich
Natur und Tier - Verlag, s. o.
www.reptilia.de

- SAURIA
Terraristik und Herpetologie erscheint vier Mal jährlich
Terrariengemeinschaft Berlin e.V.
Bruno Treu
Gardes-du-Corps-Str. 12
14059 Berlin
E-Mail: abo@sauria.de
www.sauria.de

Artenschutzfragen

- Bundesamt für Naturschutz
Artenschutzvollzug
Konstantinstr. 110
53179 Bonn
Tel.: 0228-8491-1311
E-Mail: citesma@bfn.de
www.bfn.de

Verwendete und weiterführende Literatur

BAIER, F., D.J. SPARROW & H.-J. WIEDL (2013): The Amphibians and Reptiles of Cyprus. – Frankfurter Beiträge zur Naturkunde Band 45, 2. überarbeitete und aktualisierte Auflage, Edition Chimaira, Frankfurt am Main, 362 S.

BLANKE, I. A. BORGULA & T. BRANDT (2008) (Hrsg.): Verbreitung, Ökologie und Schutz der Ringelnatter (*Natrix natrix* LINNEAUS, 1758). – Mertensiella 17, Rheinbach, 312 S.

BUNDESMINISTERIUM FÜR ERNÄHRUNG, LANDWIRTSCHAFT UND FORSTEN (Hrsg.) (1997): Gutachten über Mindestanforderungen an die Haltung von Reptilien. – Inhaltlich unveränderte Sonderausgabe der Deutschen Gesellschaft für Herpetologie und Terrarienkunde (DGHT), Rheinbach, 78 S.

ECKSTEIN, H.-P. (1993): Untersuchungen zur Ökologie der Ringelnatter (*Natrix natrix* LINNAEUS 1758). Abschlussbericht: Ringelnatter-Projekt-Wuppertal (1986–91). – Jahrbuch für Feldherpetologie, Beiheft 4, Duisburg.

GROSSE, W.R. (2013): Verbreitung der Ringelnatter in der Stadt Leipzig (Sachsen) und in Halle/Saale (Sachsen-Anhalt). Teil 1. – Ophidia 7(1): 2–10.

GRUBER, U. (2009): Die Schlangen Europas. Alle Arten Europas und des Mittelmeerraums.– Franckh-Kosmos Verlag, Stuttgart, 226 S.

GUICKING, D., U. JOGER & M. WINK (2008): Molekulare Phylogenie und Evolutionsgeschichte der Gattung *Natrix*, mit Bemerkungen zur innerartlichen Gliederung von *N. natrix*. – S. 17–30 in: BLANKE, I. A. BORGULA & T. BRANDT (Hrsg.): Verbreitung, Ökologie und Schutz der Ringelnatter (*Natrix natrix* LINNEAUS, 1758). – Mertensiella 17, Rheinbach, 312 S.

HALLMEN, M. (2003): Freilandterrarien für Schlangen. – Natur und Tier - Verlag, Münster, 160S.

KABISCH, K. (1999): Ringelnatter – *Natrix natrix* (L.). – S. 513–580 in: BÖHME, W. (Hrsg.): Handbuch der Reptilien und Amphibien Europas. Band 3, Schlangen II. – Aula Verlag, Wiesbaden.

KABISCH, K. (2004): Die Ringelnatter, *Natrix natrix*. – Westarp-Verlag, unveränderter Nachdruck von 1978.

KINDLER, C., W. BÖHME, C. CORTI, V. GVOŽDÍK, D. JABLONSKI, D. JANDZIK, M. METALLINOU, P. ŠIROKÝ & U. FRITZ (2013): Mitochondrial phylogeography, contact zones and taxonomy of grass snakes (*Natrix natrix, N. megalocephala*). – Zoologica Scripta, 42*:* 458–472.

KLESIUS, T. (2009): Die Vipernatter – *Natrix maura*. – Art für Art, Natur und Tier - Verlag, Münster, 64 S.

KLESIUS, T. (2013): Wenn die Kälte kommt – die Überwinterung von Schlangen. – DRACO Nr. 55, Jg. 14 (2013-3), Natur und Tier - Verlag, Münster, S. 50-56.

KÖHLER, G. (2002): Inkubation von Reptilieneiern. – Herpeton Verlag, Offenbach, 205 S.

KREINER, G. (2007): Die Schlangen Europas. Alle Arten westlich des Kaukasus. – Frankfurt am Main 2007, 317 S.

KWET, A. (2005): Kosmos Naturführer: Reptilien und Amphibien Europas. – Kosmos, Stuttgart, 252 S.

MERTENS, R. (1947): Studien zur Eidonomie und Taxonomie der Ringelnatter (*Natrix natrix*). – Abhandlungen der Senckenbergischen Naturforschenden Gesellschaft, Band 476, Frankfurt am Main.

MUTSCHMANN, F. (1995): Strumpfbandnattern: Biologie, Verbreitung, Haltung. – Westarp-Verlag, Magdeburg, 172 S.

SINDACO, R., VENCHI, A., & C. GRIECO (2010): Reptiles of the Western Palearctic. 2. Annotated checklist and distributional atlas of the snakes of Europa, North Africa, Middle East and Central Asia. – Italien (Edizioni Belvedere), 544 S.

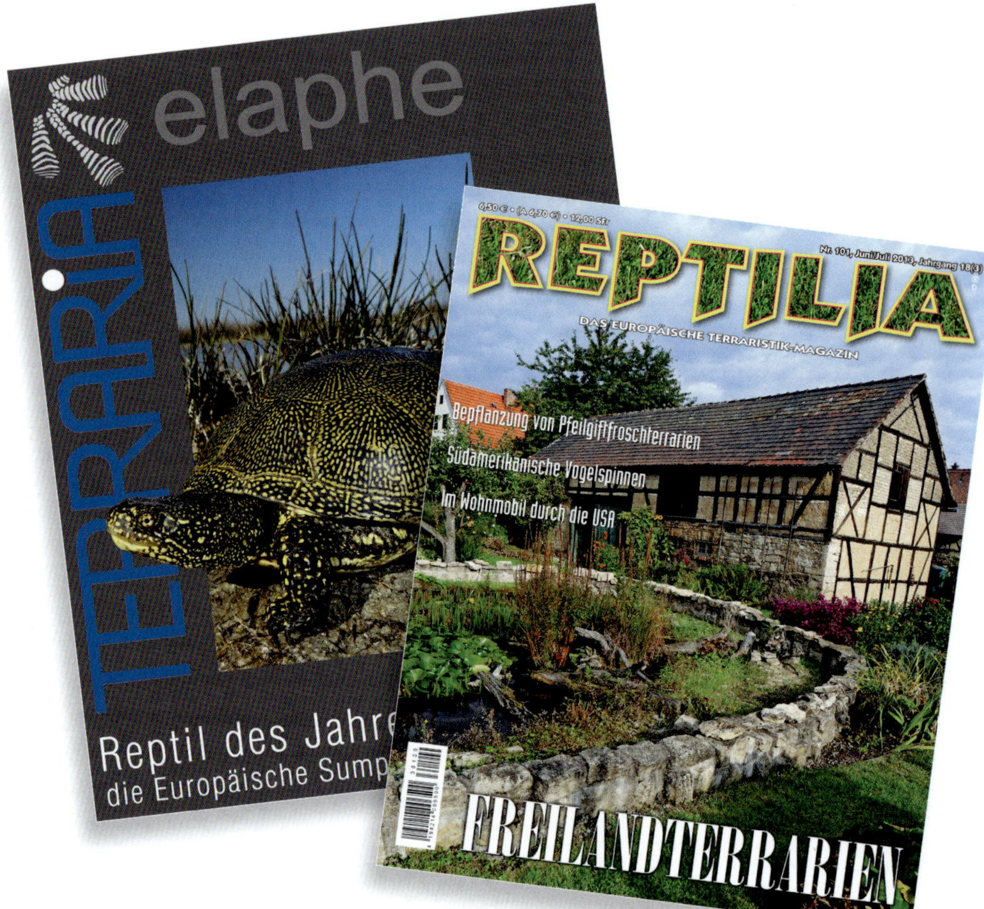